“十三五”普通高等教育本科部委级规划教材

服装表演基础（第2版）

BASIC FOR FASHION SHOW
(SECOND EDITION)

霍美霖 | 主编

中国纺织出版社

内 容 提 要

本书为“十三五”普通高等教育本科部委级规划教材。

根据服装表演专业教学需要，本书对服装表演的发展历程，服装表演的特性与类型，服装模特的分类、服装模特的基本条件、服装模特的专业素质、服装模特的综合素质，模特训练前的准备活动及韵律组合练习，服装表演基础训练等方面进行了详细的阐述。本书还配有大量的图片，对一些重点内容进行了细致的描述。

本书内容全面，理论方面具有一定的突破性与创新，既可作为高等院校服装表演专业和其他相关专业的教材用书，也适用于从事服装表演编导工作及相关人员的参考用书。

图书在版编目(CIP)数据

服装表演基础 / 霍美霖主编 . -- 2 版 . —北京 : 中国纺织出版社，2018.7（2023.8重印）
“十三五”普通高等教育本科部委级规划教材
ISBN 978-7-5180-4949-3

I. ①服… II. ①霍… III. ①服装表演—高等学校—教材 IV. ① TS942

中国版本图书馆 CIP 数据核字（2018）第 078565 号

策划编辑：魏 萌 责任校对：武凤余 责任印制：王艳丽

中国纺织出版社出版发行
地址：北京市朝阳区百子湾东里 A407 号楼 邮政编码：100124
销售电话：010—67004422 传真：010—87155801
http://www.c-textilep.com
E-mail：faxing@c-textilep.com
中国纺织出版社天猫旗舰店
官方微博 http://weibo.com/2119887771
三河市宏盛印务有限公司印刷 各地新华书店经销
2012 年 1 月第 1 版 2018 年 7 月第 2 版 2023 年 8 月第 7 次印刷
开本：787 × 1092 1/16 印张：12.5
字数：192 千字 定价：38.00 元

《服装表演基础》（第2版）

图书编委会

主　编　霍美霖　东北电力大学艺术学院　副教授

副主编　朱焕良　东北电力大学艺术学院　教授

王敏洁　东北电力大学艺术学院　讲师

苏文灏　大连艺术学院　讲师

Kim Chul Soo　韩国釜庆大学　教授

陶士云　东北电力大学　讲师

康俊龙　中国首席模特

侯珊珊　太原理工大学轻纺工程学院　副教授

魏和永　韩国釜庆大学　在读博士

沈　汀　山东工艺美术学院　副教授

第2版前言

伴随着中国时尚产业快速发展的步伐，服装表演行业愈发凸显出专业化与多元性，与其他时尚领域的联动发展，促使服装表演行业已不再单纯地作为服装展示的单一载体出现，更多地体现出艺术性、文化性以及社会性。因此，当前服装表演行业要求服装表演从业者在具备扎实的基本功和专业的表演技巧之外，还需具备适应专业发展、时代需要的较强综合素质和能力。服装表演作为一门综合性学科，既是艺术又是科学，它涵盖了多种元素，在全球一体化的大背景下更显示其独特的行业魅力。

我国的服装表演行业发端于20世纪80年代，从无到有、从业余到专业、从鲜有人知到享誉国际，三十多年的发展历程使其正以惊人的速度和可喜的局面展现在世人面前。如今活跃在国际舞台上的优秀中国模特，凭借着自己的专业技能和职业素质，以融合东方韵味的表演方式，受到了诸多国际知名设计师与观众的青睐与认可。与此同时，国内各大服装院校与专业经过多年的探索，在服装表演专业的创设、服装模特的培养以及服装表演教学等方面积累了丰富的经验，并取得了令人瞩目的成绩。因此，编者结合服装表演的专业特点、性质、行业的需求以及多年积累的各方面经验，编著了这本教材。

完稿之际，首先要真挚感谢朱焕良教授。从20世纪80年代开始，朱焕良教授身体力行地研究服装表演专业，并一直从事服装表演的教学工作，积累了丰富的教学和实践经验。自1993年以来，朱焕良教授先后编撰出版了《时装表演与模特》《时装表演教程》《服装表演基础》《服装表演编导与组织》《服装表演策划与编导》等书籍，为编著本书奠定了坚实的基础。作者正是在此基础上，进行了全面的升华，除系统地介绍了服装表演基础方面有关的内容之外，本书还结合实例，配有大量的一手文献与图片资料，对部分内容进行了新的诠释与延展。

其次，参与本书编写的还有大连艺术学院苏文灏老师，太原理工大学侯珊珊老师，南昌大学管丽芳老师，山东工艺美术学院沈汀老师，

东北电力大学王敏洁老师、陶士云老师、郎欣然老师、刘晓林老师，韩国国立釜庆大学体育在读博士魏和永。特别感谢中国首席男模，首尔亚洲首席男模康俊龙老师对于本书应用理论与训练部分的指导；韩国大田휘트니스로데오的健身教练潘解，给予器械训练内容中部分动作的指导。特别感谢蕾欧娜国际少儿模特学校提供的童模参赛及教学图片；吉林米兰时尚汇中老年模特团队提供的参赛照片；吉林市铭阳模特舞异演艺学校对本教材长期以来的关注与支持。此外，东北电力大学艺术学院硕士研究生王熠瑶、余红婷、高杨同学，本科学生王斯绮、李斯托、丁瑞、史楠，韩国国立釜庆大学在读硕士生张武、张永兴同学在文章誊录、资料收集和文字校对方面做了大量工作。

作者编写本书时正值在韩国国立釜庆大学攻读博士学位期间，在此特别感谢 Kim Chul Soo（金喆洙）教授的指导。

本书在编写过程中，得到中国纺织服装教育学会、中国纺织出版社领导和编辑的大力支持及作者所在单位领导和同事的支持与帮助，在此一并表示衷心的感谢！

由于编者水平有限，加之时间仓促，本书在内容上难免有不足之处，还需时间的打磨，祈望广大同仁和读者不吝指教。

霍美霖

2018 年 1 月于韩国釜山

第1版前言

伴随着中国时尚产业经济的快速发展，服装表演行业也越来越规范化，同时也在向时尚行业其他领域延伸，服装表演已不再是单纯地以展示服装、表现服装款式为目的的单一性表演，现代意义上的服装表演要求服装模特具有扎实的基本功和专业的表演技巧及较强的综合素质。服装表演作为一门综合性学科，既是艺术又是科学，它涵盖了多种元素，在全球一体化的大背景下更显示出独特的行业魅力。

我国的服装表演行业是在20世纪80年代兴起的，目前正以惊人的速度和可喜的形势在发展。活跃在国际舞台上的大量优秀模特，他们凭借自己的专业技能和职业素质，以融合东方特色的表演受到观众和设计师的青睐。与此同时，各大院校经过多年的摸索，在服装表演专业的开设和服装模特的培养方面也已经积累了丰富的经验，并取得了不错的成绩。因此，结合服装表演的专业特点、性质及行业的需求，我们编写了这本教材。

笔者从20世纪80年代开始研究服装表演，并一直从事服装表演的教学工作，积累了丰富的教学和实践经验，从1993年以来，先后出版了《时装表演与模特》《时装表演教程》《服装表演基础》《服装表演编导与组织》《服装表演策划与编导》等书籍，为编著本书奠定了坚实的基础。本书系统地介绍了服装表演基础方面有关的内容。另外，本书还配有大量的图片，对一些内容进行了形象描述。

参加本书编写的有太原理工大学侯珊珊，南昌大学管丽芳，东北电力大学霍美霖、付春江、王敏洁、张妍、郎欣然、刘晓林。

本书在编写过程中，得到中国纺织服装教育学会、中国纺织出版社领导和编辑的大力支持，以及作者所在单位领导和同事的支持与帮助，在此一并表示衷心感谢！

由于编者水平有限，加之时间仓促，本书在内容上难免会有不足之处，祈望广大同仁和读者给予批评指正。

编者　朱焕良

2011 年 9 月于吉林

教学内容及课时安排

章 / 课时	课程性质 / 课时	节	课程内容
绪论 / 2	基础理论 /36	•	绪论
		一	常见名词
		二	服装的分类
第一章 / 18		•	服装表演的发展历程
		一	服装表演的起源
		二	服装表演的发展
		三	服装表演的繁荣
		四	中国服装表演的发展
第二章 / 6		•	服装表演的特性与类型
		一	服装表演的特性
		二	服装表演的类型
第三章 / 6		•	服装模特
		一	模特的分类
		二	服装模特的分类
		三	服装模特的基本条件
		四	服装模特的专业素质
		五	服装模特的综合素质
		六	服装模特的职业道德
第四章 / 4		•	音乐基础与制作
		一	服装表演的音乐
		二	服装表演音乐基本特征
		三	音乐的制作

续表

章 / 课时	课程性质 / 课时	节	课程内容
第五章 / 32	应用理论与训练 /72	•	服装模特的形体训练
		一	准备训练
		二	热身组合训练
		三	地面训练
		四	把杆训练
		五	器械训练
第六章 / 32		•	服装表演基础训练
		一	站立姿态训练
		二	表演步伐训练
		三	定位训练
		四	转身训练
		五	上下场的训练
		六	面部表情的训练
		七	节奏感的训练
		八	服装表演基础综合训练
第七章 / 4		•	服装模特面试
		一	服装表演面试类型
		二	服装表演面试流程
		三	模特面试准备与注意事项
第八章 / 4		•	服装模特职业拓展
		一	模特经纪公司的运营模式
		二	模特经纪人的专业素养
		三	模特向模特经纪人的转化

注　各院校可根据自身的教学特点和教学计划对课程时数进行调整。

目　录

基础理论

应用理论与训练

基础理论

绪论

课题名称： 绪论

课题内容： 常见名词

服装的分类

课题时间： 2 课时

教学目的： 使学生对服装表演有一个简单的了解，明确与服装表演有关的主要名词。

教学方式： 讲授

教学要求： 1. 对服装表演有初步的认识。

2. 掌握与服装表演有关的主要名词。

3. 了解服装分类的方法。

绪 论

随着社会的进步与科学技术的发展，人民生活质量也在发生着变化，服装的作用已不仅是遮体、保暖和作一般装饰，更主要的是被用来美化生活、丰富生活。服装作为服饰文化的一个重要组成部分，对陶冶情操、搞活市场经济和推动社会向前发展起到不可低估的作用。同时，与之相伴的服装表演也不断地发展起来，并成为了一种高雅的文化活动。由于服装表演业的迅速发展，又推动了服装行业的进步，可见服装与表演是相辅相成的。为便于探讨服装与表演的关系及其内涵，首先介绍与服装表演有关的常见名词和服装的分类。

一、常见名词

1. **服装** 服装是衣服、鞋帽的总称，通常专指衣服。

2. **服饰** 对于服饰这一名词可以有两种解释：一是从广义讲，服饰可理解为服装和与之相配的装饰品；二是从狭义讲，服饰是指用于衣服上的装饰，如图案、绳、扣、腰带等。

3. **时装** 时装是指新颖的、时兴的、具有时代感的流行服装。

4. **成衣** 成衣是指按照国家服装号型标准，采用工业批量生产方式制作的服装。

5. **服装展示** 服装展示是指为达到某一目的，采取不同形式展示服装的活动。可分为静态展示和动态展示两大类。

（1）静态展示：

① 立体展示：把服装及饰品装饰在人体模型上进行展示，常应用在商业橱窗、柜台、展馆等。

② 平面展示：利用报纸、期刊、宣传画刊登服装照片及时装画等展示服装。

（2）动态展示：将服装穿在有生命的模特身上，在特定的场所进行展示。

6. **服装表演** 服装表演是一种由服装模特在特定场地，通过在T台（天桥）上利用肢体语言，在观众面前进行的以服装、服饰品为主要内容的具有美感的展示活动。人们习惯把服装表演称为时装表演。

二、服装的分类

服装的种类很多，各类服装都有各自的风格、特点。根据不同的标准，服装有多种分类方法：

1. **按季节分类** 如春装、夏装、秋装、冬装。

2. **按性别分类** 如男装、女装、中性服装（男、女都可穿用）。

3. **按年龄分类** 如童装、青少年装、中老年装。

4. **按材料分类** 如纯棉服装、毛料服装、丝绸服装、亚麻服装、化纤服装、混纺服装、裘皮服装、羽绒服装等。

5. **按款式分类** 如中山装、西装、裙装等。

6. **按用途分类** 如家居服、运动服、学生服、工作服、舞台服等。

7. **按面料加工特征分类** 如机织服装、针织服装、刺绣服装、手绘服装、扎染服装、蜡染服装等。

8. **按民族分类** 如蒙古族服装、朝鲜族服装、藏族服装等。

自20世纪90年代以来，服装表演无论是在国外还是在国内，都大为时兴。在中国，服装表演作为一门新兴的边缘学科已引起了人们的普遍关注。服装表演可以传播服饰文化，提高人们的审美与鉴赏水平，引导社会服装潮流。服装表演还可以促进商品销售，同时也在一定程度上推动社会精神文明建设向前发展。服装表演是人们衣着审美水平与时代精神面貌的反映，同时，它又反作用于社会文化，引导和提高人们的审美意识和文明程度。

在20世纪90年代后期服装产业向品牌经营转变的过程中，服装表演这一形式在大型服装展会、企业新产品发布、服装品牌传播和广告宣传等方面都起到了极为重要的作用。

现在，服装表演作为一个新兴专业已被认可。目前，中国有百余所大专院校开设了服装表演专业。这个专业，一般开设形体、舞蹈、音乐、形象设计、服装表演技巧、服装表演策划与编导、服装美学、服装材料、服装史、服装设计、服装工艺等课程。

小结

1. 与服装有关的常见名词有服装、服饰、时装、成衣、服装展示、服装表演。

2. 服装展示分为静态展示和动态展示两种。

3. 服装表演是一种由服装模特在特定场地，通过在T台（天桥）上利用肢体语言，在观众面前进行的以服装、服饰品为主要内容的具有美感的展示活动。

4. 服装可按季节、性别、年龄、材料、款式、用途、面料加工特征、民族等方式进行分类。

思考题

1. 服装与服饰的区别是什么？
2. 什么是服装表演？
3. 怎样理解服装静态展示和服装动态展示？
4. 简述成衣的概念。
5. 简述服装、时装的概念。

基础理论

服装表演的发展历程

课题名称：服装表演的发展历程

课题内容：服装表演的起源
服装表演的发展
服装表演的繁荣
中国服装表演的发展

课题时间：18 课时

教学目的：使学生了解服装表演发展的历史，掌握各环节的主要事件。

教学方式：讲授

教学要求：1. 了解服装表演的发展过程。
2. 掌握玩偶的出现、玩偶时装表演、真人模特起步、第一支时装表演队诞生等事件。
3. 掌握服装表演发展的关键性环节。
4. 了解服装表演的繁荣过程。
5. 掌握中国服装表演发展的主要事件。
6. 了解国内主要的服装表演赛事。

第一章　服装表演的发展历程

当今的服装表演，经历了玩偶、玩偶时装表演；真人模特、真人时装表演；服装表演繁荣期等不同的发展阶段，服装表演行业现已成为社会上一个不可或缺的行业。

一、服装表演的起源

服装表演起源的时间可以追溯到六百多年前，那时的女性已找到了一个能够获得时装信息的方法，就是利用时装玩偶展示服装。这一方法能使人们看到已穿戴好的服装和装饰，还包括发式和整体效果。

（一）玩偶与玩偶时装表演

1. **玩偶的出现**　在1391年，法国的伊莎贝拉皇后（法国查理六世的妻子）产生了一种想法，即制造出一种栩栩如生的人像（由木材和黏土按与真人1:1的比例制成），并给其穿上新颖的宫殿式服装，将其作为礼物赠送给英国爱娜皇后（英国国王理查德二世的妻子）。这与现在的人体模型展览类似，当时叫作“时装玩偶”（图1–1）。

图 1–1

1396 年，法国宫廷又送给英国女皇一个按女皇身材制作的身着法国宫廷时装的“时装玩偶”，以表示对英国女皇的尊敬。

从伊莎贝拉皇后的古怪想象开始，时装玩偶在法国宫廷出现，并很快在欧洲流行起来，时装玩偶从一个宫廷传至另一个宫廷，形成国际交流。那时，人们常用当时最先进的交通工具（马车）运送玩偶，辐射面最远到俄国的圣彼得堡。

在时装玩偶出现以后的四百年间，上层社会的服装信息便靠时装玩偶来传递，并在路易十四、路易十五、路易十六的统治时期达到高峰，从 17 世纪 40 年代一直持续到 18 世纪末。即便是在战争时期，运送时装玩偶的传递活动也没有停止过。曾有记载，英法战争期间，英国停止了海关贸易，对外界实行封锁，唯独对巴黎出产的时装玩偶给予放行。由此可见，时装玩偶的巨大魅力和它对社会所起的作用。

后来，路易十六的王后玛丽·安东尼特的服装设计师罗丝·贝尔廷（Rose Bertin）女士为了在欧洲广泛宣传自己的作品以争取订单，把笨重的时装玩偶按比例缩小，发往欧洲各国的首都。由于小型的时装玩偶运送便捷，所以流传范围很广，罗丝·贝尔廷也因此获得了“时装大师”的称号。此后，服装设计师和成衣制造商们便把这种小型时装玩偶派送给潜在的客户，向其传递新款时装信息，以起到促销的作用。

时装玩偶的产生是从宫廷之间的交流和友好往来起步的，后来，时装玩偶逐渐发展成为交流服装信息的工具。

2. **玩偶时装表演** 1896年初，英国伦敦举办了首次玩偶时装表演，并取得圆满成功，而且在时装界引起了极大轰动。很快，时装玩偶漂洋过海。创办于1892年12月的美国《时装》杂志社，于1896年3月20~23日在纽约的雪莱大舞厅举办了为期三天的玩偶时装表演。此次演出为义演，展示了由纽约服装设计师提供的150多款服装，1000余人观看了演出，其中有63位社会名流，演出的票价也由原来的0.5美元飙升至500美元。

演出的成功对提高当时美国的时装业水平起到了积极的推动作用，在一定程度上也增强了美国时装界人士的信心。

（二）真人模特

时装玩偶虽然比传统的衣架更能展示出服装的立体特色，但是它毕竟缺乏真人的表现力。终于，1845 年左右在法国出现了用真人展示服装的活动。

真人模特的出现，有赖于有“世界时装之父”之称的英国服装设计师查尔斯·弗雷德里克·沃斯（Charles Frederick Worth）。1838 年春，年仅 13 岁的沃斯就被他母亲从老家林肯郡的波恩送往伦敦“斯旺和埃德加”店铺去做学徒。1845 年沃斯迁往巴黎，并在盖奇林—奥皮格（Gagelin & Opigze）商店找到一份工作，该商店以经营丝绸和开司米披肩著称，沃斯负责各种衣料、披肩、斗篷的销售助理工作。为了推销新款的开司米披肩，沃斯突发奇想，把开司米披肩披在了年轻漂亮的女营业员玛丽·维纳特（Marie Vernet）小姐身上（图 1–2），向顾客展示，结果引起了众多顾客的购买欲，披肩很快被抢购一空。玛丽·维纳特也因此成为了世界上第一位真人服装模特。

图1–2

（三）第一支服装表演队

经过一段时间的接触，沃斯和玛丽·维纳特建立了恋爱关系，后来玛丽成了沃斯夫人。从 1851 年开始，沃斯为玛丽设计了许多服装，并由玛丽亲自穿在身上向顾客作展示性介绍，受到顾客欢迎，因此赢得了大批顾客。

1858 年，沃斯离开了盖奇林—奥皮格商店，与瑞典衣料商奥托·鲍伯格合伙在巴黎的和平大街 7 号开起了“沃斯时装店”，这也是世界上第一家高级时装店。随着时装店的发展，玛丽一人已经无法完成多种款式的服装表演，于是沃斯又雇用了几位年轻女孩。沃斯把那些女孩称作“模特”，而在这之前，“模特”仅仅指的是静止不动的时装玩偶或固定的人台模型。这些女孩们专门从事服装表演工作，她们也就组成了世界上第一支服装表演队。

（四）模特巡演

第一支服装表演队出现后，其他服装店也争相效仿，纷纷成立了自己的服装表演队，把新款服装穿在真人模特身上展示出来。这其中便包括保罗·普瓦雷。

保罗·普瓦雷（Paul Poired）出生于 1879 年，1904 年开设了自己的服装店。他曾带领模特到欧洲各国展示自己设计的服装，据说当他带领 9 名模特到达俄罗斯时，引起了极大的轰动，人们纷纷争睹模特的风采。为了安全起见，到了晚上，保罗·普瓦雷不得不把这些模特们锁在自己所住的旅馆房间内。

虽然已经有很多服装设计师开始使用服装表演这种形式来展示自己所设计的服装，但此时的服装表演还没有音乐和灯光的陪衬，只是简单地由模特试穿服装。

二、服装表演的发展

真人模特的诞生，翻开了服装表演历史性的一页。随着商业竞争的加剧，产品的宣传显得尤为重要，作为服装业宣传重要手段的服装表演不断得到发展和完善，从最初的由模特简单试穿服装，逐渐发展到具有相当规模的、有乐队演奏和使用正规伸展台的专业性演出。

（一）初具规模的服装表演

世界上真正初具规模的服装表演于 1908 年在英国举行，由位于伦敦汉诺佛广场的“达夫—戈登”妇女商店精心策划并组织演出，演出动机是为推销商店的时装。演出现场派有专人迎接顾客，还印制了详细的节目单；节目单上按出场的先后顺序列出每个服装模特的姓名。这次演出采用了乐队现场伴奏的形式，模特伴着乐队演奏的乐曲先后出场展示服装。

此后，为了实现商业宣传的目的，服装表演的场面开始变得极为奢华。组织者开始利用大型表演平台进行服装表演，并在表演的平台上布置了名贵的绿色观赏植物，服装模特在台上翩然而过，台下观众云集，场面壮观。可见，服装表演在当时已经是很受欢迎。

（二）第一个大型服装公开表演会

1914 年 8 月 18 日，美国芝加哥服装制造协会在每半年一次的芝加哥新麦地那寺庙会上举办了一场“世界上最大型的服装表演”，由 100 名女模特展示了 250 套服装，进行了 9 场精彩的表演，观看的人数达 5000 人左右。此次演出使用了 70 英尺 ×100 英尺（约为 21m×30m）的大型舞台，还运用了可以延伸到观众面前的跑道式伸展台，这也是现在常见的 T 台的首次运用（图 1–3）。演出舞台的创新使观众更接近服装，从而清楚地看到服装款式。此外，模特展示时采用了很慢的节奏形式，每一位模特有 1 分 20 秒的时间走到舞台的前面展示所穿的服装。这次演出还被拍成了电影，在美国各地巡回上映，极其轰动。此次表演显示了美国服装行业的经济实力，也大大加快了模特业的发展步伐，带动了模特业的繁荣。

图1–3

（三）用电影作背景的出现

1917 年 2 月 5~10 日，美国芝加哥服装制造协会在芝加哥湖滨大剧院举办了一场名为“时装世界”的服装表演，这是一次具有历史意义的营业性服装表演。这次演出首创了采用放映电影胶片作为舞台背景的方式。其第一幕的主题是“1917 的晨光”，开幕时的背景影片是雪景［图 1–4（a）］，之后变化成美女［图 1–4（b）］。而这一利用电影银幕做服装表演背景的形式直到 20 世纪 60 年代才被广泛运用。

服装表演发展到 19 世纪 20 年代，已经成为一种被人们认可的专业舞台表演形式了，它不再是新奇的东西，而是把服装新品推介给新闻界、商家和顾客的重要媒介。

(a)

(b)

图1-4

（四）第一家模特经纪公司诞生

1928年，美国纽约诞生了世界上第一家模特经纪公司，该公司由约翰·罗伯特·鲍尔斯（John Robert Powers）创建。鲍尔斯原是一名演员，最初他利用自己的职业关系拉一些女演员前来捧场，产生了很好的效果。模特经纪公司的出现使模特的社会地位逐渐提高，他们不再依附于服装工作室，而成为一个独立专门的行业角色，并且体现了充分的专业化。

随后，出现了一些专门从事服装表演制作的职业制作人和模特代理公司。如纽约的Eleaner Hambert女士，曾首创了一年一度的“COTY”全美时装评论家奖和一年两度的专门为报刊编辑们举办的新闻发布周。她还与杰出的时装编导合作，策划完成了许多轰动一时的服装表演。这种社会评论形式和代理制作的诞生，毫无疑问对整个服装表演行业和模特业的发展起到了重要的推动作用。

（五）全体模特谢幕的开始

简·帕昆（Jeanne Paquin），巴黎时装界的女时装设计师，曾在服装表演模式方面做出巨大贡献。她是第一位使用全体模特进行终场谢幕的服装设计师，此后创造激动人心的终场成了一个定律，这在现今的服装表演中也是被普遍采用的一种模式。她还开创了将服装表演放在歌剧开演前和赛马前进行演出的先例，这使后来将服装表演被安排在大型活动演出前的模式得以流行。

（六）面向新闻界的服装发布会

1921年，让·巴杜（Jean Patou）在正式发布会前邀请了新闻界人士预先观赏，从此以后，时装界款待新闻界的预展便成为惯例。

1921年让·巴杜在新款服装正式发布会之前，专门邀请了新闻界人士和客户代表们预先观赏，并取得了成功，从此普通的服装预演便作为推介流行的特殊方式而成为惯例。此后，在20世纪巴黎时装界每年两次面向新闻界的服装表演会上，都是巴杜独领风骚。另外，巴杜是第一个在巴黎启用美国模特的设计师，由于法国模特的身材比美国人胖些，所以总是有美国顾客抱怨，当看到法国模特穿上巴杜设计的服装进行展示时，很难想象到自己穿着时的样子。于是1924年巴杜雇用了6名美国模特，并在1925年的春季表演中让法国模特和美国模特首次同台演出。启用美国模特，使美国女孩那种苗条的运动体型成了理想身材，也改变了国际上对身材的审美观。

（七）男女模特同台演出

伊丽莎白·哈惠斯（Elizabeth Hawes），美国人，她于1931年带着美国服装到巴黎举行服装表演。6年后，也就是1937年，她首次使用了男女模特同台展示服装。此次演出有6名男模特参加。虽然这次演出似乎没有给人留下多少印象，但男模的出现以及男女模特同台表演的形式使服装表演业的发展脚步又向前迈进了一步。

三、服装表演的繁荣

服装表演的繁荣出现在 20 世纪 60 年代以后。动荡的 60 年代产生的创新精神和推动力量使时装及其表演形式发生了重要变化。从 60 年代情景式表演的出现到 90 年代返璞归真的审美时尚“卷土重来”，服装表演不断繁荣起来。

（一）20世纪60年代的服装表演

英国设计师玛丽·匡特（Mary Quant）走在了时代变化的前沿。匡特认为摄影模特比 T 台模特更懂得怎样展示服装，一般的 T 台模特只能简单地排列走动，而摄影模特更能展示出她所设计的服装在生活中穿着时的引人之处。

玛丽·匡特挑选了 9 名高级模特到她的商店里参加服装表演会。这次表演会采用了情景式表演，伴随着播放的爵士乐，模特们从店内二楼的一间小阳台上跳着舞步沿着楼梯而下，一直走到观众面前。隐蔽的吹风机把模特们身上穿着的服装吹得摆动起来。在一个打猎的场景中，模特穿着适合射击的诺福克夹克和灯笼裤，拿着一支枪，枪上挑着一只死雉。当展示晚礼服时，模特们则端着大大的香槟酒杯进行展示，展示时完全没有解说。演出持续了 14 分钟，展示了 40 套服装。本次演出在场地、道具等方面有了新的突破。

此后，这种表演形式使服装表演进入了新纪元，服装表演开始运用戏剧和场景来诠释某种特定的文化表征，模特以舞蹈动作代替了传统的行走，音乐作为一种重要的表现因素贯穿全场，取代了演出过程中的评论和解说。由于电影在 1960 年前后作为普及的娱乐活动已大大流行，把服装表演拍成影片放映也成为这一时期盛行的宣传方式。

20 世纪 60 年代模特界还出现了第一位具有国际化影响力的超级明星模特——崔姬（Twiggy），她那男孩子般的身躯、迷你式裙装、短发和三道眼线、强调大眼睛的妆容在当时的女孩子中风靡一时，成为一种“崔姬风貌”（Twiggy Look）。

（二）20世纪70年代的服装表演

1971 年，世界上最大的模特经纪公司——ELITE 公司在法国巴黎宣告成立。该公司现在是一所超大规模的跨国模特经纪机构。旗下的成员大多来自东欧国家。公司共拥有 2000 位左右的签约模特，并且在全球超过 50 个国家的范围内大力拓展了模特经纪业务，集团实力和国际影响力波及世界各个角落。ELITE 公司的成立推动了模特界超级明星的诞生，也改变了以往金发美女在服装表演中一统天下的局面。

20 世纪 70 年代，服装表演以变化莫测的灯光、烟雾、节奏强烈的音乐与模特们充满活力的优美舞姿取代了原有的静谧、平淡的气氛。朋克风带来了一批野性十足，甚至带着少许邪恶表情的模特。他们有着苍白的脸、经漂白染色的头发和夸张的黑眼睛。同时，户外运动的风行使那些皮肤晒得黝黑的健康金发女郎也出尽风头。

（三）20世纪80年代的服装表演

20 世纪 80 年代，经济的复苏使服装表演的风格变得奢华，在整体制作上也日臻完美，更强调音乐、灯光和舞美的和谐统一，逐渐形成一个多媒体的夸张表演领域。除此之外，80 年代还诞生了一批炙手可热的超级名模，如辛迪・克劳馥（Cindy Crawford）、克劳蒂亚・雪佛（Claudia Schiffer）、琳达・伊万格丽斯塔（Linda Evangelista）等，她们的名声、地位和收入直逼好莱坞大牌明星，甚至她们的生活、情感、兴趣等也在人们的关注之中。超级名模的地位上升到了前所未有的位置。

（四）20世纪90年代的服装表演

20 世纪 90 年代，返璞归真的审美时尚“卷土重来”。在表演上，模特开始像平日散步般轻松地行走，尽可能地追求轻松、随意的姿态。音响和灯光的创新，幻灯、电影、录像等多媒体的运用，为服装表演增加了新的内容。至此，服装表演已经不再是单纯的服装展示，而发展成为一种综合性的演出形式。

（五）21世纪前10年至今的服装表演

21 世纪前 10 年是服装表演行业从纯粹商业模式到艺术性、科技性转变的一个重要时期，时装秀成为了服装品牌展现品牌文化、作品主题的平台，品牌商或是设计师不惜花费重金在舞台上设计出能够吸引高度关注度的创意点，以此来增加其曝光度。

在科技应用与艺术性的潮流驱使下，诸多品牌的策划人员在其服装发布会上进行了具有创意性的尝试。例如，利用“3D 全息投影技术”将模特的虚、实效果呈现在同一个舞台；有的发布会则将主题内容融入每一个细节，“再现场景”“再现音效”“艺术性渲染”等方式成为了该时期服装表演的主要特征。

四、中国服装表演的发展

中国出现服装表演的时间是在 20 世纪初期，但随着国内战乱的发生，服装表演又逐渐销声匿迹了。新中国成立之初直至 20 世纪 70 年代末期，人们根本没有时装、服装表演的概念。进入 80 年代后，人们才开始对时装和服装表演有了一定的认识，但在那时，国内还是有一些人看不惯服装表演，服装表演还不能为大多数人所接受。随着社会的进步，人们对时装和服装表演的认识不断加深。如今，人们已经不仅把观看服装表演当成一种高雅的艺术享受，而且直接参与到这一活动当中，在许多机关、学校、工厂的庆祝活动或文艺演出中常常出现服装表演节目，各级电视台都设有时尚栏目播放服装表演节目，服装设计大赛、服装模特大赛已形成规模和品牌赛事。目前，国内多数城市都有专业模特经纪公司和模特培训机构。服装表演开始成为人们日常生活的有机组成部分，服装表演为中国的服装行业发展起到了积极的推动作用。

（一）中国早期的服装表演

服装表演在中国最早出现于纺织工业发达的上海。据记载，1918 年上海南京路上著名的四大百货公司之一的永安公司，在公司办公楼的中央大厅搭建舞台，举办服装表演会，以扩大商品的销量。

北京、天津等大城市紧跟其后相继举办服装表演会。1929 年 1 月 17 日，天津曾举办过大型“中西服装赛艳会”，展示了日本、德国、英国、美国、中国的民族服装，报纸上这样形容当时的盛况：“丁字沽前，几若举国皆狂。”

1930 年 3 月 24 日，上海先施公司同样为了商品促销举办了服装表演，并称之为“时装表演大会”，由中西名媛担任时装模特。服装所用面料是英国名厂 Wemco 生产的 Tricochene 绸，这种绸料花样新奇，颜色鲜艳，适合春夏衣料之用，在当时驰誉各国时装界。服装款式由面料厂商派人来华设计，款式新颖独特。当时在《民国日报》头版曾记载：“时装表演大会，由 3 月 24 日起至 31 日止，表演时间上午十时至十二时半，下午二时至六时半，欢迎参观。”其演出方式是：女模特身穿新款时装，随着留声机播放的音乐，慢慢行走到台前，转身停留，然后由专人负责介绍模特穿着服装的价格、面料、出厂等。

1930 年 10 月 9 日，美亚织绸厂针对市场上的洋装，借建厂 10 周年纪念之机，由美国留学归来的总经理蔡声白先生组织策划了一台大型服装表演，并称之为“国货时装表演”。演出在上海静安寺大华饭店举行，展演的服装所用面料以他们本厂生产的丝绸为主，会上还为来宾放映了自拍电影《中华丝绸》，不少政界、商界要人前往参加，被邀请的明星穿着新奇式样的服装在展厅中依次登台亮相（图 1–5）。《申报》为这次演

图1–5

出进行了连续三天的宣传报道，出席观众共达 2000 余人，在上海引起了较大的轰动。此后，美亚绸厂组建了模特表演队，主要由贵族妇女组成，并吸收交际花、影星、政要夫人等名人参加，到 1932 年发展到 22 人。表演队经常结合产品展销举办服装表演，有时还利用传统庙会中的抬阁形式，让模特穿着要展示的服装站在抬阁上，由专人抬着抬阁巡回表演（图 1–6）。与此同时，美亚绸厂还将服装表演拍成电影，在东南亚各地放映，为其产品大做宣传。

图1–6

1932 年，欧美模特在上海著名的游乐场所丽娃栗村、南京戏剧院等地出现，她们展示的服装为进口礼服、日常服和运动服，表演采用欧美当时的服装表演形式，编排和舞美皆极具水平。同时，男装展示也开始出现，展示的服装为当时国际流行的西式礼服、马裤等。

1934 年 11 月，鸿翔时装公司在上海百乐门舞厅举办了为社会慈善义演的时装表演会，并特地请来了胡蝶、宣景琳等一批炙手可热的当红影星，让她们穿起了专门为她们设计的时髦女装进行展示。此外，一些外国人开办的服装店也积极参与其中。南京路上的“朋街”，在 20 世纪 30~40 年代，每年春秋都举办流行时装发布会，并由西洋女模特进行服装表演，声名远扬。演出不仅带来了西方时装的流行信息，还引进了先进的服装展示方法。

（二）中国现代的服装表演

新中国成立后，一直到 1970 年末，服装表演行业在中国基本处于停止状态。中国共产党十一届三中全会召开以后，改革开放的春风吹遍祖国大地，对外封闭之门从此开始渐渐打开，服装表演行业也受益于这股春风。

1. **新中国的首场服装表演** 1979年春，法国著名服装设计大师皮尔·卡丹应邀到中国的北京和上海举行服装表演。首场演出是在北京民族文化宫举行的。在一个临时搭建的T台上，8名法国模特和4名日本模特在台上穿梭往返，呈现给观众一场在当时看起来可谓惊世骇俗的服装表演。这场象征着中法友谊的服装表演在当时被称为“服装观摩会”，参加“观摩会”的人员必须通过审查，并记录姓名。虽然这场服装表演仅限于中国外贸界与服装界的官员和技术人员参加，但它仍可以说是新中国服装表演的一个新起点，中国人民开始有了时装的概念和对服装表演的认识。皮尔·卡丹也因此成为中国时装模特的启蒙者。皮尔·卡丹在回答记者提问时说：“这是我一生中最难忘，也许是最辉煌的一次时装展示，因为我看到模特把所有的观众都征服了。”

然而，在北京演出结束后的第二天，当时国内发行量很大的内部报刊《参考消息》转载了一篇港报的评论，说中国人吃饱穿暖尚且没有做到，引进时装纯属奢侈和多余。之后皮尔·卡丹一行到上海演出时受到各方面条件的制约，演出受到了一些限制：对观看人员进行审查、场次减少、观众必须对号入座（在北京是按入场的先后顺序）、入场券不得转让等。

但上海还是开放的，没过多久又引进日本、美国的服装表演队来上海演出，从此又掀起了服装表演热。

2. **新中国第一支服装表演队** 尽管中国的服装表演行业起步较晚，但发展速度令人惊叹。重开中国服装表演之先河的是上海服装公司，他们在1980年成立了新中国的第一个服装表演队——上海市服装公司时装表演队，首批19名队员， 12女7男，这些模特便理所当然成为中国第一代模特，但当时给予他们的定位是“时装演员”。这批时装演员是从上海服装公司3万名工人中选拔产生的，选拔标准依据国家颁布的中国服装型号标准制定，女模特身高170cm，胸围80cm，腰围60cm，臀围86cm；男模特身高179cm 。后来由于多种原因，女演员的身高标准由170cm降到165cm。

1981年2月9日晚，上海市服装公司时装表演队在上海友谊电影院举行了首场演出，这场演出从组织、训练、模特到服装全部是由中国人自己完成的。但在当时的中国，服装表演只有“内部演出”的份儿，并实行三不政策——不报道、不拍照、不录像。

3. **新中国历史上第一次公开的国际性服装表演** 1981年11月，皮尔·卡丹时装发布会再次在中国举行，地点是北京饭店西楼大厅。此次演出的模特除了两名是皮尔·卡丹带来的外国模特，其余十几名男、女模特都是中国模特。这是新中国历史上第一次公开的国际性服装表演。

4. **中央电视台首次播放服装表演** 1983年4月，上海市服装公司时装表演队参加在北京农展馆影剧院举行的全国五省市服装鞋帽展销会，中央电视台首次突破了媒体宣传的禁区，在“为您服务”节目中播放了这次演出的录像。这次由上海十几名模特轮流展示百余套时装的演出十分成功，上海市服装公司时装表演队也一举轰动北京，一夜之间，他们的名字占据了各大报刊的显著位置，海外媒体更是将这场演出看作是中国改革开放的一个象征。此外，此次演出还经国家计委批准，由上海市服装公司表演队在农展馆影剧院售票演出，这标志着中国模特第一次进入市场。

5. **服装表演走进中南海**　1983年，上海市服装公司时装表演队经轻工业部部长杨波推荐，得到国务院批准到中南海演出。1983年5月13日，上海市服装公司时装表演队应中南海的邀请，到怀仁堂进行表演，观看演出的党和国家领导人有：杨尚昆、万里、邓颖超、薄一波、张劲夫、郝建秀等，演出获得圆满成功。至此，服装表演在中国获得中央领导的首肯。这是中国历史上的第一次，也是唯一的一次将服装表演引进中南海。从此，中国服装表演业迅猛发展。

6. **中国模特首次出现在国际模特大赛**　1986年，中国模特石凯以私人身份参加在法国举办的第六届国际模特大赛，排名12，并获特别奖，这是中国模特首次在国际模特大赛中出现。

7. **服装表演走出国门**　1987年6月，中国服装表演队、上海服装公司代表队参加了首届香港成衣博览会，在当地引起极大轰动。由于模特们的精彩展示和服装的魅力，许多公司纷纷订购中国服装。同年9月，中国服装表演队参加了巴黎第二届国际时装节，她们在时装节上的演出被称为“本届时装节的头号新闻”，许多国家的报纸、电台、电视台都报道了中国服装表演队在时装节上的精彩表现。

1988 年，中国服装表演队首次赴美国演出，演出效果极佳，当地媒体盛赞：“中国模特姿容、神韵不输‘洋妞’，中国的时装水平已达到国际水平。”

8. **中国模特首次在国际模特大赛夺魁**　1988年8月26日，北京广告公司时装模特队的彭莉，在意大利举行的“今日新模特国际大奖赛”夺魁，成为新中国历史上第一位获国际模特大赛冠军的人。彭莉的成功，对当时的国内各服装表演队产生了强大的震动，坚定了他们向国际模特界冲击的信心。

9. **新中国首次全国性的模特比赛**　1988年，由中共团中央举办的“中国青年模特大赛”在北京通县东方化工厂礼堂举行，有来自北京、成都、哈尔滨、天津、青岛的5支代表队参加，张锦秋夺冠。这是新中国举办的第一次全国性的模特比赛。

10. **国内首次权威性模特赛事**　1989年12月，“首届中国最佳时装模特表演艺术大赛”在广州花园酒店举行。大赛由中国纺织工业部、中国服装研究设计中心等单位主办。这是首次全国范围内具有权威性的专业模特大赛。参赛模特经全国各地初选后推荐参加，身高要求在172cm以上，年龄限制在24岁以下，三围和比例等都有统一标准。

11. **国内第一家模特代理机构成立**　1992年12月8日，由“新丝路时装艺术表演团”改建而成的“新丝路模特经纪公司”在北京宣告成立。这是我国第一家服装模特代理机构。它的出现标志着中国服装表演业与国际的接轨，标志着中国服装表演业从合法化迈向国际化。此后，各地也相继出现了专门的模特经纪公司和模特经纪人。模特经纪公司的宗旨是顺应国际惯例，打破团队制界限，为模特及客户牵线搭桥，为他们提供展示才华的更广阔的领域和双向选择的机会。

12. **服装模特国家职业标准** 1996年，中国纺织总会和劳动部联合颁布《服装模特职业技能标准（试行）》。2002年9月29日，《服装模特国家职业标准》经劳动和社会保障部批准实施。服装模特终于成为国家正式承认的一种职业。

13. **中国服装设计师职业时装模特委员会在北京成立** 经国家民政部批准，中国服装设计师协会职业时装模特委员会于2000年6月16日在北京成立。该委员会是中国服装设计师协会的组成机构之一，是由中国优秀职业时装模特和模特经纪人组成的专业团体。其主要职责是：制订职业时装模特专业等级标准；维护时装模特市场秩序和公平竞争；开展国内外模特业界的交流与合作；承办中国服装设计师协会举办的模特赛事；选拔、培养模特新人，为委员单位提供有关中介服务。职业时装模特委员会为委员单位提供人才选拔和人才推介服务，主要通过两个每年一次的公开赛：一个是“职业赛”，即中国职业模特选拔大赛；一个是“星赛”，即中国模特之星大赛。同年9月，首届职业时装模特大赛在四川德阳举行，李娟夺冠。

14. **新中国早期服装表演风格的三大流派** 20世纪90年代，国内已有百余支专业或业余的服装表演队。由于各地的服装表演风格不同，主要分成了三大流派。这三大流派分别是：北派、海派、港派。

（1）北派：北派也称京派，以当时的北京时装表演队和北京新世纪时装模特队为代表。北派主要受欧洲时装表演风格的影响较深，其表演风格是：追求简洁、明快、随意、粗犷和整体效果；强调模特在表演时所有步态、造型都要为展示服装服务，不追求太多繁琐和华丽的动作；在音乐、灯光和舞美的处理上也强调注重服装效果，整个表演过程很难看出刻意编排迹象。

（2）海派：海派也称沪派，以当时的上海市服装公司时装表演队为代表。因这一派系的编导多数是舞蹈教师，在模特的训练过程中很注重模特的舞蹈基础，所以模特的舞蹈基础普遍较好。其表演风格是：展示过程中辅以一定的舞蹈语汇来表现服装，且编排细腻；在音乐、灯光和舞美的处理上注重气氛效果，整个表演过程有明显的刻意编排迹象。

（3）港派：港派也称穗派，以当时的广州广告公司时装表演队为代表。港派主要受香港时装表演风格的影响较深。其表演的风格是：展示过程中虽不追求动作的华丽，但模特的动态及静态的造型较夸张；在音乐、灯光和舞美的处理上追求隆重效果，整个表演过程很少看出刻意编排迹象。

随着社会的发展，信息传播速度加快，服装表演的传播手段呈多元化，服装表演派别随之淡化，目前已不存在派别的痕迹。

（三）中国主要的模特大赛

1. **新丝路中国模特大赛** 首届“新丝路中国模特大赛”于1989年12月在广州花园酒店举行。当时命名为“首届中国最佳时装模特表演艺术大赛”。大赛由中国纺织工业部、中国服装研究设计中心等单位主办。这是首次全国范围内具有权威性的时装模特大赛。参赛模特经全国各地初选后推荐参加，身高要求在172cm以上，年龄限制在24岁以下，三围和比例等都有统一标准。大赛设：冠、亚、季军，十佳模特（含冠、亚、季军在内），最佳现场印象奖、最佳新闻印象奖、最佳上镜奖等奖项。

首次大赛的冠、亚、季军及十佳名模是：叶继红（深圳）、柏青（上海）、姚佩芳（上海）、张亚凤（深圳）、卢那沙（北京）、许以群（上海）、黎小燕（北京）、张锦秋（深圳）、李斌（北京）、刘琐（天津）。

1991 年，赛事名称改为“第二届世界超级时装模特大赛中国选拔赛暨第二届中国最佳时装模特表演艺术大赛”，大赛在北京中国大饭店举行，陈娟红夺冠。从本届大赛开始，中国模特与世界模特大赛接轨，新丝路中国模特大赛成为世界超模大赛的中国赛区。1992 年，陈娟红代表中国赛区参加在美国举行的第十三届世界超级模特大赛并荣获“世界超级模特”称号。

1993 年，赛事名称改为“中国超级模特大赛”，同年“第三届中国超级模特大赛”在北京饭店举行，周军夺冠。

1995 年，“第四届中国超级模特大赛”在北京国际会议中心举行，谢东娜夺冠，并代表中国赛区参加在韩国首尔举办的“95 Elite Model Look 世界超级精英模特大赛”，获得第四名及“世界超级模特”称号。

1997 年 8 月，“第五届中国超级模特大赛”在厦门人民会堂举行，路易夺冠。之后赛事由两年一届改为一年一届。

1998 年 7 月，“第六届中国超级模特大赛”在北京国际会议中心举行，岳梅夺冠。

1999 年 7 月，赛事名称改为“新丝路中国模特大赛”，同年，“第七届新丝路中国模特大赛”在成都举行，王海珍夺冠。

2000 年 9 月，“第八届新丝路中国模特大赛”在三亚举行，于娜获得女模冠军，赵京南获得男模冠军。

2001 年、2002 年新丝路中国模特大赛评选出李冰、吴英娜代表中国在世界小姐选美中荣获亚洲美皇后称号，为新丝路再添光彩。迄今为止，新丝路中国模特大赛已经成功举办了 25 届，为推动中国模特行业的发展起到了举足轻重的促进作用。大赛相继推出了数十位享誉海内外的超级名模，如叶继红、陈娟红、瞿颖、周军、岳梅、王海珍、于娜、胡兵、崔宗利、斐蓓、刘雯等。

2. **中国模特之星大赛**　第三届中国国际服装服饰博览会（CHIC1995）于1995年4月24~28日在北京举行。博览会组委会为选拔和调动全国优秀模特参加博览会的各项活动，推出和挖掘新人展现东方妇女的独特风韵。经中国纺织总会批准，中国国际服装服饰博览会组委会决定在博览会期间举办全国规模的“CHIC’95中国模特之星大赛”。本次赛事吸引了全国近20个省市的选手参加。经过全国各地的认真推荐和选拔，大赛组委会从数百名佳丽中选拔出80名选手，在北京世纪剧院举行最后决赛，上海姑娘刘英慧获金奖。海内外电视联播网、卫星转播站对赛事进行了报道。

“中国模特之星大赛”的前五届主要为每年一届的中国服装服饰博览会服务。一方面为博览会期间的参展企业推荐表演模特；另一方面为模特业选拔、输送人才，是服务性极强的专业赛事。2000 年职业时装模特委员会正式成立。同年“星赛”转型，开始成为职业模特委员会为下属成员单位选拔和输送模特人才的重要赛事，与委员会举办地的另一重要赛事“中国职业模特选拔大赛”一起，分别于每年上半年和下半年举行。

“中国模特之星大赛”每年举办一届，自 1995 年至 2009 年末，大赛已举办了十五届。目前赛事的主办单位是中国服装设计师协会、广西电视台、职业时装模特委员会、广西电视台都市频道、东方宾利文化发展中心承办。“中国模特之星大赛”的宗旨是为了开发模特资源，选拔模特新秀，为职业模特队伍输送优秀人才。“中国模特之星大赛”主要通过职业时装模特委员会委员单位在全国各地选拔推荐模特新秀。参赛选手的年龄和身高要求是：女模特年龄 20 周岁以下，男模特年龄 24 周岁以下；女模特身高 172cm 以上，体重 55kg 以下；男模特身高 182cm 以上，体重 85kg 以下。

3. **中国职业模特选拔大赛** 2000年，中国服装设计师协会和中国纺织服装教育学会联合创办了“中国职业模特选拔大赛”。“中国职业模特选拔大赛”是全国性时装模特大赛，其宗旨是为了推动我国时装模特职业化、规范化发展和提高教育水平，促进国内衣着消费需求和服装业持续、健康发展。首届赛事总决赛于2000年9月在四川省德阳市举行，承办单位是中国服装设计师协会职业模特委员会、德阳市服装协会、新丝路模特经纪公司。

“中国职业模特选拔大赛”主要面向全国大中专院校时装设计、模特及相关专业在校学生选拔职业时装模特，每年举办一次。参赛选手年龄要求：女模特 22 周岁、男模特 24 周岁以下。身高要求：女模特 172cm 以上、男模特 182cm 以上。目前该赛事承办单位是中国服装设计师协会职业模特委员会、东方宾利文化发展中心。

4. **上海国际时装模特大赛** 首届上海国际服装文化节于1995年3月21~28日在上海举行，此次服装文化节是新中国成立以来上海首次举办的服装盛会，服装文化节推出了包括国际模特大赛、全国服装设计大赛等一系列活动。国际模特大赛共邀请了法国、美国、意大利及中国香港等国家或地区的16名模特参加。模特大赛注重考察模特的实战能力，即在实际促销和展示服装的过程中反映出对服装的识别、理解和展示能力。通过本次大赛的相互交流使中国时装模特逐步纳入国际规范，并稳固立足于市场之中。

“上海国际时装模特大赛”是国内最早的、中国唯一拥有文化部授权的权威国际级专业模特比赛。大赛每年举办一届，自 1995 年第一届“上海国际时装模特大赛”成功举办至今，其在国内外的影响力日益扩大，十几年来吸引了来自全世界六十多个国家和地区的选手参赛。尤其每年都有相当数量的选手来自全球时尚中心欧美各国，令该赛事在海内外形成了著名的品牌效应。该赛事现已成为海内外模特界关注的一大热点。

“上海国际时装模特大赛”曾为我国培育出大批活跃于时尚舞台的超级名模，是无可置疑的中国超模的“摇篮”。15 年来，许多著名模特如马艳丽、姜培琳、谢东娜、佟晨洁等，都是从这个比赛中走出来的，现在她们都已成为声名远播、扬名世界的超级名模。

5. **中国超级模特大赛** 中国超级模特大赛是2006年由中国服装设计师协会和中国职

业模特委员会创办的全国性专业模特大赛，每年上半年举办，现已成为中国优秀职业模特进入亚洲和世界超级模特行列的桥梁和纽带。

中国超级模特大赛的宗旨是以“选拔和培养中国最优秀职业模特推向亚洲及世界模特市场”，通过中国超级模特大赛展示中国青年女性健康向上的精神风貌和青春活力，推动中国模特业的发展。该赛事报名者需获得本年度中国境内各著名模特赛事的前十名，获得大赛前三名的选手将代表中国参加每年一届的亚洲超级模特大赛总决赛。

6. **亚洲超级模特大赛**　首届亚洲超级模特大赛于2006年5月27~28日在广西南宁演播大厅举行。亚洲超级模特大赛，是由中国服装设计师协会主办，中国服装设计师协会职业时装模特委员会、日本模特经纪协会、韩国模特中心协办，广西电视台和东方宾利文化发展中心共同承办的国际模特大赛。参赛国家有中国、韩国、日本、泰国、印度、马来西亚、蒙古、菲律宾等。

该项比赛目前是全亚洲最高级别的模特赛事，以“挖掘亚洲优秀模特、打造亚洲超级模特、树立亚洲时尚新形象”为宗旨，通过亚洲超级模特大赛展示亚洲青年女性健康向上的精神风貌和青春活力，为亚洲 T 台选拔、推广模特人才，推动全亚洲模特业的相互促进和发展。

由于中国模特业的快速发展，导致了社会对服装模特的大量需求，特别是对高素质模特的需求。1989 年起，中国大、中专院校开始招收服装表演专业的学生。首家设立该专业的是苏州大学艺术学院（原苏州丝绸工学院工艺美术系），专业全称为“服装设计及时装表演”（三年制大专）。1990 年，中国纺织大学（现东华大学）也设置了“服装设计及时装表演”专业（四年制本科）。随后，北京服装学院等高校都开设了服装表演专业。这些学校中服装表演专业的开设为中国培养了大批的服装表演专业人才。

小结

1. 1391 年时装玩偶在法国宫廷出现，主要用途是作为友好往来的馈赠礼物。

2. 1896 年初，首次玩偶时装表演在英国伦敦举行，演出圆满成功，并在时装界引起了极大轰动。此后，玩偶时装表演很快开始传播。

3. 1845 年在法国巴黎开始出现真人模特展示服装。

4. 1858 年，沃斯在巴黎创建第一支服装表演队。

5. 19 世纪末 20 世纪初，有很多服装表演队在各地进行巡演。

6. 初具规模的服装表演是 1908 年在英国出现的。

7. 第一个大型公开服装表演会于 1914 年 8 月 18 日在美国芝加哥举行，服装表演会由美国芝加哥服装制造协会主办。本次表演会有六大特点。

8. 1917 年 2 月在美国出现用电影作服装表演舞台背景。

9. 世界上第一家模特经纪公司于 1928 年在美国纽约诞生。

10. 第一位使用全体模特进行终场谢幕的服装设计师是简・帕昆（Jeanne Paquin）。

11. 1937 年伊丽莎白·哈惠斯首次使用了男模特且男女模特同台表演，使服装表演业又向前迈出了一步。

12. 服装表演的繁荣阶段是 20 世纪 60~90 年代。

13. 中国早期的服装表演于 1918 年出现在上海。

14. 新中国服装表演的 12 个主要事件。

15. 早期服装表演的三大流派是：北派、海派、港派。

16. 中国主要的模特大赛：新丝路中国模特大赛、中国模特之星大赛、中国职业模特选拔大赛、上海国际时装模特大赛、中国超级模特大赛、亚洲超级模特大赛。

思考题

1. 时装玩偶是在什么情况下出现的？
2. 简述真人模特出现的情景。
3. 1896 年在美国举办的玩偶时装表演产生了什么样的效果？
4. 1914 年 8 月 18 日在美国举行的“世界上最大型的服装表演”特点有哪些？
5. 简述服装表演发展时期的主要历程。
6. 简述中国服装表演业的发展历程。
7. 新中国早期服装表演风格的三大流派有哪些特点？
8. 简述国内服装模特主要赛事的创办时间。

基础理论

服装表演的特性与类型

课题名称： 服装表演的特性与类型

课题内容： 服装表演的特性

服装表演的类型

课题时间： 6课时

教学目的： 使学生明确服装表演所具有的不同特性，明确不同类型服装表演的内涵。

教学方式： 讲授

教学要求： 1. 掌握服装表演的不同特性。

2. 掌握不同类型服装表演的特点。

第二章　服装表演的特性与类型

服装表演是一种由服装模特在特定场地，通过在T台（天桥）上利用肢体语言，在观众面前进行的以服装、服饰品为主要内容的具有美感的展示活动。完成这一活动的三个基本元素是服装、模特、场地。但现代的服装表演已不只是仅有服装、模特和场地的简单的活动形式，服装表演作为一门综合性的艺术形式，涉及的领域是多方面的，如服装设计艺术、舞台表演艺术、舞台美术设计、灯光设计、音乐制作、化妆造型等。

一、服装表演的特性

（一）再创造性

在服装表演过程中，编导的编与导和模特的展示，是对设计师所创作的服装作品进行的诠释和再设计。一场成功的服装表演除了服装本身之外，能够直接影响到整体效果的莫过于服装编导和模特了。编导和模特在读懂所要展示的服装后，可以通过模特的肢体语言和舞台美术、道具、灯光、音乐的设计，把设计师的设计理念准确地展示给观众，同时将新的创意效果展现在T台上。这不是一般的工作，而是一种创造性的工作，但是这种再创造是在尊重服装设计原本创意的基础上进行的。

（二）传达性

每件服装都是设计师个性设计的成果，都倾注了设计师的情感。由于文化层次和服装品位的不同，观众对服装的理解与设计师原本的创作构思会有一定的距离。要想充分传达出服装的设计理念，达到与顾客沟通的目的，就要凭借服装表演这一特定的方式。通过模特正确理解服装特定的风格、角色，并在与服装相适应的音乐氛围中充分地展示服装的个性，使服装具有生命的魅力，进而把这种感觉传达给观众，让观众产生共鸣。观众通过音乐引导，在看到服装的穿着效果时，就相对有了较统一的感受，领会了设计师的设计灵感和构思，达到了相互的沟通与理解，这也就达到了服装表演的传达目的。

（三）综合性

服装表演是一门集多学科为一体的综合性艺术，涉及服装设计艺术、舞台表演艺术、舞台美术设计、灯光设计、音乐制作、化妆造型等。服装表演从编排到演出都是一项集体活动，需要编导、模特、舞美设计师、灯光师、音响师等多方面人员的合作才能完成，是一项综合性的艺术创作。

（四）时尚性

随着时代的发展，时装也在发生着变化，在不同的历史时期，人们喜爱不同款式的服装。服装表演也是这样，每个时尚流行期，模特的妆型、发型、走台风格、舞台设计、音乐等都在发生着变化。

（五）科技性

现代的服装表演在舞台制作、灯光设计、音乐制作等方面都含有大量的科技成分。如：特殊的舞台制作，升降、旋转、往复运动等。由机械控制转为电脑管理，从而使舞台运动更加精确；灯光方面：电脑摇头灯、激光灯、LED 灯、LED 大屏幕等都由电脑控制；音乐制作通过电脑利用软件完成等。

二、服装表演的类型

从服装表演的起源可以看出，表演的目的是从社会交往和商业促销开始的，但在经历了漫长的发展历程之后，服装表演的目的在发生着变化，逐渐演变出多种不同性质、目的的表演类型，具体可归纳为以下几种：

（一）促销类服装表演

促销类服装表演是配合商业产品的促销活动而进行的服装表演，这类演出的目的就是宣传服装品牌，推出服装新款，打开销售市场。这类演出中的服装多为实用类服装。

同一件服装挂在衣服架上或穿在人台上的效果，与穿在服装模特身上的效果是绝不相同的。衣服架上挂着的服装是平面的、扁平的，人台上的服装虽是立体效果，却是静止不动的，它们都不能完全展示出服装的美妙之处。而穿在服装模特身上的服装是立体的、丰满的和活动的，通过服装模特多方位、多角度的展示，观众的视线从模特转向服装，服装之美就会得以充分展现。所以，一些部门就利用服装表演这一形式进行服装促销。

1. **服装订货会**　成衣制造商为向社会进行新产品发布，宣传自己的产品，达到促销的目的，会定期（换季前）举行服装订货会，会上进行现场表演。服装订货会一般不邀请非相关人员参与，观众主要为服装零售商及部分消费者代表，他们手持订单，边欣赏边选购。

这类演出环境比较自由，没有统一的模式。大规模、高档次的订货会一般选择在本公司内或宾馆多功能厅、商场大厅等地进行，有条件的可以搭建伸展台，使用灯光和音响等（图 2–1）。表演风格通常采用随意、自由、洒脱的格调。小规模的订货会场地比较随意，如企业的会议室、茶室、酒吧等，模特的表演也灵活多样。

图2–1

服装企业一般每年会举办两次服装订货，分别是春夏订货会和秋冬订货会，也有一些大品牌企业一年会举办四次订货会。

服装订货会不需要特别强调服装表演的艺术性和规范性，主要是让观众了解服装的款式、结构、面料、穿着效果等，使观众在轻松、愉悦的氛围中完成订货。

2. **零售展销会** 服装专卖店或综合商场为了吸引顾客、扩大知名度、提高销售额、推出应季新款服装，会定期或不定期地举办服装表演。由于大多数顾客对服装穿着后的效果如何以及如何穿着和装饰是缺乏想象力的，商家便通过模特的展示为消费者挑选服装提供直观的印象，以引导消费。

零售展销会的档次规模各有不同，因此，在场地和模特的选择上就有所区别。高档次的演出，场地一般选在商场的大厅或商场前广场搭建伸展台（图 2–2），使用灯光音响，模特一般选用专业模特或条件较好的业余模特；中等档次的演出，场地选在商店的过道上、柜台前、门厅等处，不用伸展台，无灯光音乐，表演形式宽松自由，强调的是模特和顾客的近距离接触，有利于顾客比较清晰地看到服装的款式、颜色、质地及其搭配效果，模特一般可选业余模特；一般性介绍的演出，由条件好的服务员身穿销售的服装样衣，直接向顾客展示服装款式、介绍服装的穿着方法及实用功能。

图2-2

在这类演出中，每一位模特如同产品的推销员，精心地替顾客试装，让顾客体会到每款服装静态与动态的不同效果，达到促成最大销售量的目的。这就要求模特的表演应以朴素、自然、贴近生活为主，使自己穿着的服装为观众所喜欢，塑造的形象为观众所接受，以唤起观众强烈的购买欲望。此类表演的服装应是商场内有售的商品。

3. **网络直播销售会**　服装品牌为了增加其销售量，同时也为迎合当下大众消费趋势，推出网络直播销售会这一模式，以此提升品牌产品的销售量，扩大品牌知名度。网络直播销售会是指通过品牌网站、视频网站或是微信、微博以及Twitter等社交媒体进行发布品牌新款产品的服装表演形式。消费者可以如同亲临现场一般观看到品牌发布会的全过程，同时也可以在线上购买到模特展示的心仪款式商品。

此类销售会是在传统的服装发布会基础上进行了编排与艺术加工。通常场地会选择在电视台演播厅或是展览馆等，模特更多需要将表演展现给网络前的观众，能够更加全面地展示出服装作品的每一个细节，方便观众选择。除此之外，网络直播销售会分为有现场观众与无现场观众，现场观众在此类服装表演中更多起到烘托氛围的作用（图2-3）。

（二）发布类服装表演

发布类服装表演是指与服装有关的某些协会（如服装协会、服装设计师协会、流行色协会）或企业、设计师等举办的发布会。如流行趋势发布会、流行色发布会、某品牌发布会和设计师作品发布会等。这类表演的目的是通过服装表演向人们传递某些信息，

图2–3

如下一季的流行风格、品牌或设计师个人的风格等。发布类服装表演是一种正规的服装表演，在形式上讲究艺术性。

服装流行趋势发布是指每个流行期内由服装研究部门收集的或社会、工厂服装设计师设计的近期作品，以服装表演的形式公布于众。发布会一般每年举行两次，即春夏时装发布会和秋冬时装发布会。这类演出含超前思维及预测性，具有流行导向意义。巴黎、纽约、米兰、伦敦四大国际时装周每年举行两次，分为春夏和秋冬两个部分，每次在大约一个月内相继会举办 300 余场时装发布会。

我国从 20 世纪 80 年代起，由中国服装研究设计中心和《中国服装》杂志主办每年两次的服装流行趋势发布会，即春夏时装和秋冬时装流行趋势发布会。中国服装设计师协会主办的“中国国际时装周”于 1997 年创办，每年的 3 月和 11 月在北京举行时装发布会。“上海时装周”于 2003 年创办，在每年的 4 月和 10 月举行。“上海时装周”坚持“立足本土兼备国际视野”和“创意设计与商业落地并重”；并着力扶持并推广大批原创设计师，上海时装周作为中国原创设计发展推广的交流平台，历年吸引了众多国内优秀的自主品牌。迄今为止，中国每年举办时装周的城市已经不少于 10 个：大连、宁波、青岛、广东、杭州、成都、哈尔滨、重庆、厦门、深圳……

发布类服装表演的特点：一是场地一般选在较豪华的宾馆、酒店、会展中心、剧场、电视台演播厅等地；二是有确定的主题，舞台美术、灯光、音乐都要和演出主题相吻合；三是表演风格通常采用随意、自由、洒脱的格调；四是一般都要选用一流模特参加表演；五是观众以新闻媒体为主，也会邀请一些主要的客户和消费者参加；此外，发布会一般选在时装周或服装博览会期间举行。

（三）赛事类服装表演

以比赛为目的而举办的服装表演，可分为服装设计大赛和服装模特大赛两类。

1. **服装设计大赛**　一个国家或一个地区，为了促进服装行业的发展，发现服装设计人才，开发服装新款，或评选出国家、地区、行业的名优产品，往往定期或不定期地举行服装设计大赛。服装设计大赛的比赛形式一般是由预赛时的服装设计效果图初评和决赛时的作品动态展示即服装表演两部分组成。这类服装表演的目的是通过模特的展示将参赛作品的风格特点、服装的整体效果以及设计师的设计理念充分地展现出来。

我国权威的服装设计大赛主要有"'益鑫泰'服装设计奖""'汉帛奖'中国国际青年时装设计师作品大奖赛""'中华杯'国际服装设计大赛""中国服装设计新人奖"等。

"'益鑫泰'服装设计奖"创立于1997年12月，被誉为"中国服装界的诺贝尔奖"，是中国服装设计师协会授予全国（国际）性各类服装设计比赛获奖设计师的最高荣誉，也是我国目前唯一由中国纺织总会批准的服装设计国家级奖项。2000年前该赛事名称为"'益鑫泰'中国（国际）服装设计最高奖"，2000年更名为"'益鑫泰'服装设计奖"。该赛事的参赛资格较为严格，必须是在中国服装设计师协会认可的全国或国际性服装设计比赛中获三等奖以上的设计师方可有资格报名参评。获奖者由中国服装设计师协会资助出国深造考察学习。为了保证"'益鑫泰'服装设计奖"的专业水平，增强参评设计师的竞争意识，从第四届"'益鑫泰'服装设计奖"评选开始，由原来的每年一届改为每两年一届。

"'兄弟杯'中国国际青年服装设计师作品大赛"于1993年5月由中国服装研究设计中心和日本兄弟工业株式会社联合创办，在每年春季的中国国际服装服饰博览会期间举办。2003年起，改为由中国服装设计师协会和汉帛服饰有限公司共同举办，大赛名称也改为"'汉帛奖'中国国际青年时装设计师作品大赛"，简称"'汉帛奖'大赛"。"'汉帛奖'大赛"属于创意服装设计大赛，特别强调表现设计师的自我意识，设计可以不受生活装的束缚，体现鲜明的个性风格和时代感（图2-4）。

"'中华杯'国际服装设计大赛"创办于1995年，由上海市人民政府、上海国际服装文化节组委会共同主办。"'中华杯'国际服装设计大赛"属于实用性服装设计大赛，注重设计理念的市场化，现已成为最具活力、最有影响、最受欢迎的服装设计大赛之一。

"中国服装设计新人奖"，简称"新人奖"，创办于1995年，由中国服装设计师协会主办，每年举办一次。"新人奖"由全国设有服装设计专业的大、中专院校推荐优秀毕业生参评，评委由中国服装设计师协会评审委员会组织国内外相关专业人士组成，获奖者由中国服装设计师协会颁发获奖证书。"新人奖"评比内容包括理论、专业基础和成衣水平。"新人奖"旨在发现和奖励青年服装设计人才，提高我国服装设计艺术水平，同时也是对中国服装教育成果的一次检阅。

此类服装表演的特点是：表演场地环境优雅、舒适、有艺术氛围，一般选在会展中心、宾馆的多功能厅、电视台演播厅、剧场等地进行；表演台通常选择标准的伸展台；表演风格往往根据服装的款式或设计师本人的要求去编排；根据赛事的档次选择模特，但模

图2–4

特之间的差距不应过大；演出过程中一般配有幕后解说，主要对参赛者和服装的设计理念进行简要介绍。

2. **服装模特大赛** 服装模特大赛可分为国际、国家、地区等不同级别的赛事，主要是通过服装模特大赛来评比出优秀模特和模特界新人。

比赛一般分为初赛、复赛、决赛和总决赛四个阶段。初赛有两种比赛方式，一是通过照片进行筛选，二是进行现场比赛。

服装模特大赛主要是通过模特的形貌条件、气质风度、走台表演技巧和文化修养等综合素质对模特进行评比。形貌条件评比主要包括身高、体重、三围、肩宽、上下身比例、五官轮廓等内容。气质风度和走台表演技巧主要考察模特展示参赛指定性服装（一般指泳装、休闲装、晚装）时对不同风格服装的理解力和表现力，以及展示过程中体现出的独特个人魅力。文化修养主要考察模特的各方面知识、口才、礼仪等，比赛主要通过现场问答或笔试的形式进行。

著名的服装模特大赛有世界精英模特大赛、世界超级模特大赛、新丝路中国模特大赛、中国模特之星大赛、中国职业模特选拔大赛、CCTV 模特电视大赛等。

此类服装表演的特点是：表演场地环境优雅、舒适、有艺术氛围，一般选在宾馆的多功能厅、电视台演播厅（图 2–5）、剧场等地进行；表演台通常选择标准的伸展台；表演根据指定服装和自选服装的款式分类进行，模特依抽签的编号次序，根据服装、音乐进行即兴表演；最重要的“观众”是评委，一般由知名的服装设计师、摄影师、化妆师、经纪人等组成。

图2–5

（四）学术类服装表演

学术类服装表演是指国家、地区、协会之间为了学术交流所举办的演出，或是带有一定学术性质的服装机构或设计师举办的作品发布会及其作品回顾；一些服装设计专业、服装表演专业的教学、科研成果展等。

此类服装表演由于没有了商业诉求，主要是对设计师艺术功底和艺术才华的展示，所以重点应放在强调作品的艺术效果上。此类服装表演的特点是：表演场地选择在比较具有艺术氛围或创意性的场馆；观众主要是时尚及艺术媒体，艺术评论家以及服装设计或其他与艺术设计相关的人员，经销商反而不是重点邀请对象；服装表演的舞台设计、灯光、音乐、背景及模特妆型可别出心裁、大胆超前，营造出人意料的艺术氛围，给人以艺术的享受。

（五）专场表演

1. **设计师专场**　一名设计师或多名设计师的作品进行专场演出，主要目的是展示设计师的才华，达到推名师、树品牌的目的。由于专场演出的主题是设计师自行确定，其作品具有一定的创意性、前卫性，表演气氛独特、花样翻新，利用变幻莫测的声、光效果，营造出出人意料的气氛，使观众印象深刻（图2–6）。

2. **毕业生专场**　设有服装设计专业、服装表演专业的院校，在每年学生毕业前都要向社会举行毕业作品展示或汇报演出。其特点是设计者都为学生，他们作品构思大胆、

图2–6

超前、不受约束。演出的目的是向社会展示学生才华，同时让社会了解学校的教学成果和推荐学生（图2–7）。

图2–7

（六）娱乐类服装表演

娱乐类服装表演的目的是为了丰富人们的文化生活，一般出现在大型文艺晚会中，作为独立的文艺节目，或穿插在歌舞节目之中。例如，在服装文化节的开幕式或闭幕式上，服装表演就是必不可少的；一些单位、学校在举办文艺晚会时，也常把服装表演作为一项内容。

此类服装表演对演出娱乐性的强调大大重于对服装本身的强调，注重艺术化的构思和编排，追求良好的舞台效果和娱乐效果。

小结

1. 服装表演的特性：再创造性、传达性、综合性、时尚性、科技性。
2. 促销类服装表演：服装订货会、零售展销会、网络直播销售会。
3. 发布类服装表演。
4. 赛事类服装表演：服装设计大赛、服装模特大赛。
5. 学术类服装表演。
6. 专场表演：设计师专场和毕业生专场。
7. 娱乐类服装表演。

思考题

1. 服装表演有哪些特性？
2. 再创造性的内涵是什么？
3. 你对时尚性是如何理解的？
4. 服装表演有哪些类型？各自的特点是什么？
5. 详述服装模特赛事的主要环节。

基础理论

服装模特

课题名称：服装模特

课题内容：模特的分类

服装模特的分类

服装模特的基本条件

服装模特的专业素质

服装模特的综合素质

服装模特的职业道德

课题时间：6 课时

教学目的：使学生对模特和服装模特的概念有一个全面的了解。明确服装模特的分类和服装模特的基本条件；明确服装模特的专业素质。了解模特的综合素质。

教学方式：讲授

教学要求：1. 了解模特的分类。

2. 掌握服装模特的分类及内涵。

3. 掌握模特基本条件的内涵。

4. 重点掌握模特的测量方法。

5. 掌握模特的专业素质。

6. 了解模特的综合素质。

第三章　服装模特

模特是被当作模型的穿衣人或裸体人，通常是指绘画、雕塑时作为造型参考或技巧练习的写生对象。有时也指某些示范表演者，汽车模特、“部件”模特、服装模特即属示范表演者。

一、模特的分类

（一）美术模特

美术模特是指绘画、雕塑造型参考、技巧练习的写生对象。

（二）汽车模特

汽车模特是指展示汽车时使用的模特，简称车模。

汽车模特作为一个新兴行业，以其鲜明的行业特征融入社会，引导潮流，成为一种时尚，成为汽车文化不可分割的组成部分。汽车模特赛事国内经常可见，已成为一种时尚活动（表 3–1）。

表 3–1　汽车模特与服装模特的比较

内容＼类别	汽车模特	服装模特
形体	形体美	对身高及身材比例有较高要求
展示的对象	汽车及其文化内涵	服装及其设计理念
艺术种类	形体与行为融合的艺术	形体艺术
表演方式	无固定动作	对走台技巧要求较高（猫步）
表演场地	多为车展上某一展车周围	T 台
与观众的互动	较为直接，有一定交流	几乎没有

（三）“部件”模特

“部件”模特是指利用身体局部展示某些商品的模特。由于一些产品广告的拍摄只需要人体的某部分肢体作为载体，便出现了部件模特。“部件”模特对模特的体态、形象没有要求，但想要表现的身体局部条件应优秀。“部件模特”可分为：头部模特、颈部模特、手模特、腿模特、唇模特、耳朵模特、腰臀模特、足部模特。

（四）广告模特

广告模特是指为商品或是其他社会活动，进行平面拍摄、视频拍摄等方式，展现一定美感内容的模特。广告模特往往出现在时尚杂志的封面或插页、户外广告牌、电视广告等内容中。广告模特强调五官端正，肢体优美，有一定吸引人的特点，要给观看者留下深刻印象。

（五）服装模特

服装表演的主要目的是通过模特的展示，向观众传达服装设计师的设计构思、服装的内涵，使观众对服装有一个深入的了解。所以说，模特是服装设计师与消费者之间的桥梁。模特表演的效果如何，往往影响到观众对服装的认同程度。因此，可以说，一台服装表演能否成功，很大程度上取决于模特。模特的形体和内在素质都很重要。一名体形好、训练有素、知识丰富的优秀模特，穿上时装设计师设计的合体服装，通过走台、转身、亮相与造型等肢体语言，向观众详细地演绎服装，会给人一种美的享受。

二、服装模特的分类

根据展示服装目的的不同或模特年龄的不同，可对模特进行分类。

（一）按用途分

按用途不同，模特可分为走台模特、商业模特和试衣模特。

1. **走台模特** 走台模特是服装模特中最常见、社会需求量最大的一种模特，主要是通过在T型台上的表演来展示服装。走台模特表演的场合是多种多样的，从大型的流行趋势发布会到小型的服装促销展示会，都是由走台模特完成的。走台模特在形体和走台技巧方面要求较高，但由于服装表演的目的和规模不同，对走台模特的外形条件和内在素质的要求也有所差别。

内衣模特是走台模特中的一种，因展示内衣时模特身体将会大面积的暴露，因此对内衣模特的身材和三围要求都非常苛刻。内衣模特的基本要求是：全身无赘肉，皮肤健康、有光泽、无疤痕，臀部丰满、上翘、臀围不超过 90cm，胸围大小应适合穿着 75B 的胸罩。

2. **商业模特** 商业模特的主要业务是广告拍摄，也称摄影模特。随着社会的进步，人们的文化品位不断提高，各媒体对服装及服装模特的信息传播速度加快，企业树立品牌意识也在不断增强，从而对商业模特的需求量也开始变大。

商业模特身高要求一般在 165cm 即可，不强调走台技巧。商业模特除了要具备相貌好、身材匀称、五官标准、发质好的基本条件外，还要有一定的与摄影师工作配合的能力，即镜前表现力和造型能力，要会瞬间表现。虽然商业模特可以由走台模特客串，但还是有一批专门在摄影棚内与摄影师合作的专职商业模特。与走台模特相比，商业模特的形象应更符合时代审美的要求。

近几年伴随着电商经济兴起，商业模特也出现了一个新的分支——“电商模特”。

电商模特是指在网络商业平台上，为服装品牌产品进行宣传拍摄并作为产品购买的主要参考对象出现在销售页面中的一种新兴模特职业。通常电商模特并非职业模特，其主要特征更加接近于消费大众，能够拉近大众与商品之间的距离。

电商模特可分为以下三种：适龄模特，专指为模特与展示服装产品的年龄适应段基本一致；差龄模特，专指为模特与展示服装产品的年龄适应段有较大差距，例如青年女性模特穿着中老年服饰产品；特体模特，专指为身材肥胖或是身材瘦弱的模特为特定体型的服装做展示，强调服装的适用性。

3. **试衣模特** 试衣模特包括试衣打样模特和现场试衣模特两种。

试衣打样模特与走台模特、商业模特不同，试衣打样模特不需出现在众人面前，他们的主要工作是为设计师在服装设计、制作过程中试穿样衣。设计师通过试衣打样模特的试穿发现问题、加以完善直至成品完成。对于试衣打样模特在表演和相貌、身高上没有过高的要求，但要求形体标准。此外，试衣打样模特应该对服装裁剪和造型有一定的了解，能够在试穿过程中为设计师提供一定的参考意见。

现场试衣模特是指在商业活动中现场为顾客展示服装的模特，对现场试衣模特的走台技巧和形貌要求不高，但要求其掌握一定的服装设计知识，对服装的实用功能、面料质地、着装方法等有所了解。

（二）按年龄分

按年龄，模特可分为儿童模特、青年模特、中老年模特。模特的年龄段没有明确的规定，一般按各自的身体条件来确定业务范围。

1. **儿童模特** 儿童模特一般是指年龄在14岁以下的男女儿童。儿童模特通常用于展示相应的童装、学生装以及服装品牌中的亲子装等。而从童装产业的范围细分，儿童模特分为平面广告童模、广告片童模、服装表演童模以及网络平台童模。在表演中，儿童凭借其可爱、稚嫩的姿态往往很能取悦观众，表现出童装天真无邪的感觉。但由于儿童自身的生理与心理特点，也需要考虑到其自制能力和心理承受能力等因素，在排练过程中的沟通以及演出中受到观众与闪光灯的影响，都会造成不适应或惊吓的情况，所以要尽量选择那些受过专业训练、有表演经验或表现得比较成熟的孩子（图3–1）。

2. **青年模特** 通常我们所讲的模特是指青年模特。由于服装表演行业模特逐年呈现出小龄化的趋势，女模特一般可以工作到28岁左右，男模特一般可以工作到35岁左右。青年模特的工作范围广泛，除服装表演之外服装品牌广告的拍摄、服装的促销会以及相关文艺演出等都是需要青年模特的参与（图3–2）。

(a)

(b)

(c)

图3-1

(a)

(b)

(c)

图3-2

3. **中老年模特**　中老年模特一般是指年龄在40岁以上，主要展现中老年服装为主要内容的服装表演从业人员。通常他们外表看上去要比实际年龄年轻，具有独特的成熟韵味与活力。中老年模特主要分为兴趣爱好与专业从事两种类型。倾向于兴趣爱好的中老年模特主要将服装表演作为一种娱乐活动，常常以文艺演出节目的形式呈现；倾向于专业从事的中老年模特主要参与中老年服装品牌的服装发布、广告拍摄、电商平台的展示等（图3-3）。

(a)

(b)

图3-3

三、服装模特的基本条件

模特的基本条件就是形体，即人的整体外形。基本条件对模特的职业生涯来说是最重要的一项因素，如果基本条件达不到所要求的标准，其他方面再好，也不能成为优秀模特。服装经过模特的动态展示被注入活力，服装的艺术魅力通过服装模特的形体动作表现出来。世界各国的服装设计师都按标准尺寸制作样衣，所以模特的形体必须符合标准尺寸。因此，模特的形体也成为其所展示的服装能否被观众理解、接受的主要因素之一。这里所说的形体包括身高与体重、比例、脸型与五官、颈长与肩宽、三围、四肢、手脚的形态。

（一）身高与体重

身高是模特基本条件中的首要条件，尤其是对走台模特来说，往往先看其身高条件，在此基础上，再看其他条件。因为选用“超常型”的走台模特，就如同放大了的“衣服架子”，可以使观众清楚地看出服装的款式、结构、面料质感及服装色彩。特别是在走台时由于模特身高、腿长能让人感受到服装的动态美感，很容易吸引观众的注意力，收到良好的展示效果。此外，模特的体重直接影响到模特的整体美感和表达力，所以控制模特的体重也是一个很重要的问题。

女模特的身高一般在 175~180cm，体重应控制在 50~55kg 范围之内；身材应修长、匀称，强调线条流畅，整个身体呈 S 形，给人的感觉应是轻盈而优美。

男模特的身高一般在 180~190cm，体重应控制在 75~80kg 范围之内；身体应强壮，但不能过分健壮，强调肌肉线条及力量感，整个身体呈 T 形，给人的感觉应是阳刚健美的，同时又要有些深沉，显示出一种积极向上的精神风貌。

由于东、西方地理差异和自然环境的不同，在人的肤色、骨骼和人体的外形上均存在着一定的差异。西方人与东方人相比，普遍显得高大且丰满一些，所以，西方的女模特身高一般在 176~182cm，男模特身高一般在 186~192cm。

对商业模特、试衣模特的身高条件的要求，可以比走台模特适当放宽。

测量身高时，模特应目视前方，两脚平稳踩地，两臂自然下垂，不能塌腰，要保持腰背自然挺立状态。测量体重时，模特只能穿内衣，平稳地站在体重计上进行测量。测量误差不能超过 0.5kg。

（二）比例

人体比例是决定人体美的直接因素，模特是人体美的具体体现者。因此，对模特的身体比例要求较高。

1. **上下身比例**　测定人体比例有两种方法，一种是比值法，测量时以肚脐为上下身分界点，从头顶到肚脐的高度为上身长，从肚脐到脚底的长度为下身长（图3-4）。模特的下身应长于上身，测得下身高度占身体总长度的0.618（即黄金分割比例）为佳，或再略大于此数更好；另一种是差值法，测量时以臀底线为分界点，从第七颈椎到臀底线为上身长，从臀底线至脚底为下身长，下身长与上身长之差在14~16cm为优秀，11~13cm为良好，8~10cm为一般（图3-5）。

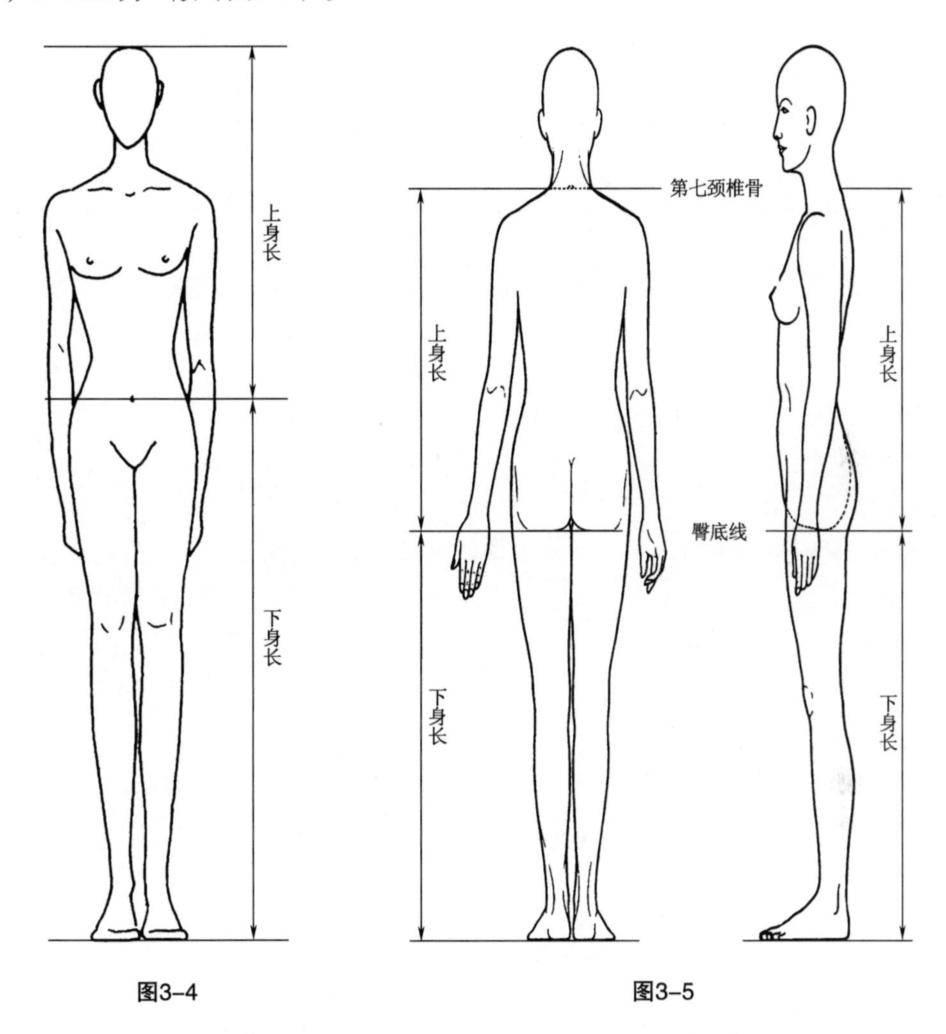

图3-4　　　　图3-5

2. **大小腿比例**　腿部对于模特来说是非常重要的，模特的小腿的长度应与大腿的长度接近、相等或略长于大腿，这样能给人以腿形纤细、修长的感觉。

3. **头与身高比例**　目前，国际时装舞台上以娇小的头型为流行，因为娇小的头型会使形体显得更加修长优美（图3-6）。但头型也不能过小，过小会使人的比例失调。一般模特的头长占身长的1/7~1/8为宜,达到1/8为佳。

（三）脸型与五官

女模特的脸型多为瓜子脸、椭圆脸或长方脸。这些脸型给人以文雅、恬静和成熟女性娇媚的魅力感。模特的相貌并不单纯要求漂亮，相反过于漂亮的面孔会将观众的注意力过多地集中在模特的脸上而影响服装的充分展示。所以，模特的基本形象应是五官端正协调，具体来说，应是眼睛明亮、鼻梁挺直、高颧骨、唇型丰润。

男模特以方圆脸型为多，五官应端正、协调，面部轮廓清晰、棱角分明。

现代服装表演越来越重视模特形象的独特性，所以挑选模特时脸型和五官以具有明显的个性特征和独具魅力为宜。

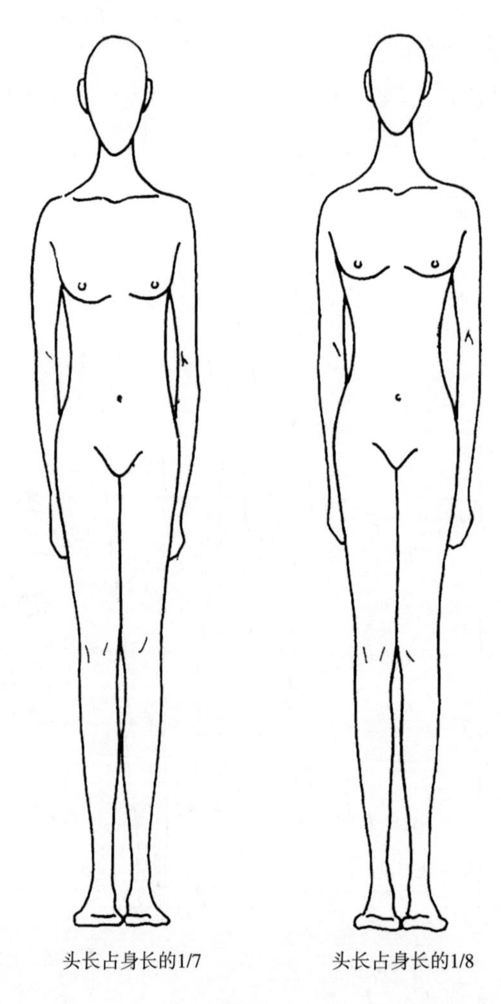

图3-6

（四）颈长与肩宽

颈与肩是模特在表演中裸露较多的部位。模特的颈部以长而挺拔且灵活为宜。

双肩是人体的第一道横线，也是模特称为“衣服架子”的关键性部位。肩型的好坏直接影响到服装造型的悬垂效果。模特的肩型以平而宽且对称为佳，女模特的肩宽应在 40cm 以上，男模特的肩宽应在 52~55cm。

（五）三围

三围是指人的胸围、腰围、臀围。

胸围是在胸部最饱满处贴身水平量一周的长度，国际通用代号为 B。图 3–7 的 1 线为胸围测量位置。测量时模特应直立，两臂自然下垂，在呼气或吸气时测量（被测量者统一标准）。

腰围是在腰部最细处贴身水平量一周的长度，国际通用代号为 W。图 3–7 的 2 线为腰围测量位置。测量时模特应直立，身体自然伸直，腹部保持正常姿态，屏住呼吸。

臀围是在臀部最饱满处贴身水平量一周的长度，国际通用代号为 H。图 3–7 的 3 线为臀围测量位置。测量时模特应直立，两腿并拢。

由于人种的不同，东方女模特的三围一般为：胸围 83~90cm、腰围 63cm 左右、臀围 90cm 以内。男模特的胸围为 103~106cm、腰围 76~83cm。西方模特的三围数值一般略大于东方模特。

由于一个人的三围尺寸不同，便形成了人体曲线。人体曲线是构成人体美的重要因素之一。人体曲线能使服装造型产生一种很强的起伏感和动感。如果缺乏这种曲线，则会使服装造型显得平板而失去魅力。所以，作为服装模特，三围就更加重要。

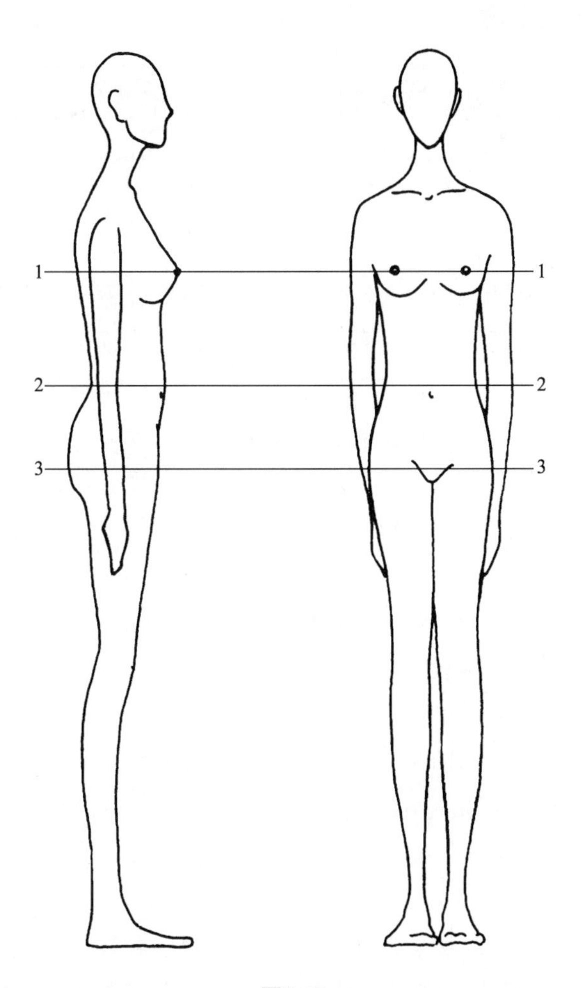

图3–7

（六）四肢

服装模特的四肢在表演过程中外露的机会较多，是展示服装的重要部位。特别是展示泳装时对四肢的要求较高。模特的四肢要修长、线条匀称而且皮肤好。双臂与肩的交汇处即肩头的过渡要柔和，因为其影响到人的整体形象和服装肩部的效果。下肢应挺直而富有力度，大腿粗细适中，小腿要长，腿肚形状要好。腿部呈过大的内弧或外弧都会影响身体姿态的美感，这样的人不适合做服装模特。

（七）手脚的形态

服装模特的手与脚的形态也是不可忽视的，因为手与脚同样能陪衬服装而表达情意。女模特的手指要纤细、圆润而柔嫩；男模特的手指要粗细适中。模特的脚形要端正、大小适中。

综上所述，模特的身材特征总结起来应该是：修长苗条、平肩细腰、鹅颈鹤腿、体态挺拔、富于曲线。

四、服装模特的专业素质

服装模特不仅要具备较好的身体条件，还要具备相关的专业素质。服装模特的专业素质包括表现力、理解力、想象力、适应力和个性气质和创造力等。

（一）表现力

模特的表现力是指模特运用眼神、表情、肢体语言（台步、造型等动作）来展示服装特点及风采的能力。服装表演是一种高水平的非语言沟通形式，它同戏剧、影视等艺术形式不同，不是塑造某一个人物或表述某一个事件，而是通过服装、音乐、舞台美术和肢体语言来展示服装内涵。模特要具有一定的表现力才能充分表现出设计师注入在服装作品中的情感。不同款式、风格的服装要用不同的表现方法，要根据服装设计师的设计理念来确定。晚礼服高贵典雅，模特应表现出端庄的气质；休闲装自由随意，模特应表现其无拘无束的特点。

模特的表现力具体表现为：第一，具有较强的可塑性，不论是展示何种风格、款式的服装，都要做到表演与服装设计构思的和谐、统一；第二，表演得体，自然舒展，不故作姿态；第三，表演风格不单一，要灵活多样并有创造力，要把服装应展示出的所有细节无一保留地展示出来；第四，表演时要以展示服装为中心，一定要明确表演的主体是服装，要克服突出模特本人的错误表现方式。

（二）理解力

模特的理解力是指模特对服装作品正确的分析领悟和认识的能力。理解力对于模特展示服装内涵具有重要作用。在服装表演中，模特与服装之间不仅仅是穿着与被穿着的关系，模特还是服装设计理念的表现者和传达者，服装是千姿百态的，服装设计师的设计理念不同，所要表现的服装内涵也不同，这就要求模特要具有理解设计师设计理念的能力。优秀的模特要善于发现服装的内在生命力，并通过自己的各种造型姿态、肢体语言的变化，将服装的内涵表现出来。这种理解力与其文化修养及生活方面的知识是紧密相关的，同时舞台实践越多，对服装理解也会越深刻。所以要想做一名好的模特必须要不断丰富文化知识和舞台经验，从而提高自身的理解能力。

（三）想象力

模特的想象力是指模特对将要展示的服装进行艺术构想的形象思维能力。模特展示的每组服装都有不同的风格、造型、款式、色彩、图案、面料。模特在见到自己所要展示的服装时，头脑中就应该想到服装背后所代表的人物形象、气质、身份以及穿着的场合和环境，有了这些想象，表演才会灵活、到位。模特在深刻感受不同的服装所要表达的艺术主题之后，通过形象思维，在脑子里选定展示该服装时应选用的表演手法，包括表情、气质、台步、造型及与其他模特的配合等。

模特丰富的想象力可以带来完美、生动的表演，从而充分展现出服装设计师的设计主题。模特的想象力是建立在服装设计知识的基础之上的，如果没有丰富的服装设计知识和一定的艺术修养，模特的想象力是不能得到有效发挥的。

（四）适应力

模特的适应力是指模特对表演场地、观众、季节的适应能力。适应力的强弱将直接影响到模特演出时表演水平的发挥。

服装表演的场地取决于组织者的演出目的，因而各不相同。大到体育场，小到服装店，不同场地的环境设施都会有很大的不同，这就要求模特要有能吃苦、不怕困难的精神。

不同的演出主题，观看演出的人员也不一样，观众素质的高低会影响表演现场的气氛，这就要求模特要有良好的职业素养。

流行趋势发布会的演出往往与季节相反，即在寒冷的冬季展示春夏服装，在炎热的夏季展示秋冬服装，这就要求模特要加强体育锻炼，有一个健康的身体，这样才能具备超常的适应能力。

（五）个性气质

气质是人的相对稳定的个性特点和风格气度。服装模特的气质是指模特在展示服装过程中所表现出的独具的表演个性，是由内在素质修养和外部动态特征统一起来的一种主体精神。

服装模特的气质是模特展示服装内涵，塑造服装形象的基本要素，所以说模特的气质在服装表演中占有重要的位置，高雅的气质是模特的灵魂。气质主要是先天产生和自然流露出来的，但通过后天的专业训练和环境熏陶也可以培养。一个模特只有具备了良好的、独特的气质才能成为优秀的模特。时装界有人根据模特的气质把模特分为淑女型、柔和型、野性型、性感型、浪漫型等。模特能将独特的个人气质与所展示服装的造型风格有机地结合起来，才是最理想的。模特应重视后天对个人气质的培养和训练，使自身的气质和魅力不断得到提升。

（六）创造力

服装表演如同其他艺术形式一样，需要具有创造力，而模特正是服装表演过程中创造力的执行者。创造力是指模特根据命题设计，即兴编排演出内容或是经过思考，编排出走台路线等内容。创造力是模特个体素养的体现。在演出中，模特的创造力可以更好地把对服装的理解或是表演主题的理解转化为表演的二次创作，增强表演的精彩度，而当遇到演出中的突发状况时，也可以通过创造力进行处理与应对，使演出能够顺利进行下去。与此同时，在比赛中模特的创造力能够为其提升竞争力。例如，比赛环节中需要在短时间内根据所提供的素材（服装、道具、主题）完成一次服装表演，那么具有创造力的选手会轻松自如地完成任务，而缺乏创造力的选手就会遗憾淘汰。

五、服装模特的综合素质

服装模特除了应具备模特的基本条件和专业素质之外，还应具备一定的综合素质。这里所说的综合素质是指模特的文化修养、心理素质、音乐修养、舞蹈基础、形象设计、服装设计、服装编导和时尚讯息的把握等方面。综合素质除了和先天的一些条件有关外，主要是通过后天的培养和训练来完成的。模特具备了较高的综合素质，才能真正地将服装的内在美传递给观众，达到设计师和编导的预期目的。

（一）文化修养

一个人的气质修养和风度与其文化修养有着直接关系。较高的文化修养可提高模特的理解能力和领悟能力，也能提升模特的气质和魅力。模特只有具备了丰富的内在文化底蕴，才能准确把握所展示服装的内涵。所以，模特平时应注意多读、多看、多思考，开阔视野、积累知识，不断丰富和充实自我。

（二）心理素质

一名模特想在事业上取得成功或在比赛中胜出，除了要具备基本的身材条件和专业素质外，还需要具备良好的心理素质。模特在上场表演或比赛前要具备一定的自信心，只有具备了自信心才能在表演时得心应手、游刃有余，最终取得表演的成功。模特的自信心不足，往往会导致怯场，影响到真实水平的发挥。

一般情况下，可以通过加强平时排练的娴熟度，保证充沛的精力，并进行一定的心理训练来解决怯场问题，增强自信心。这样即便是在演出过程中遇到突发情况也不会感到惊慌，能够冷静地处理。

此外，模特行业的竞争日益激烈，生活节奏不断加快，这必然会导致模特的心理压力过大。这就要求模特要能够进行自我调整，适时减压，时刻保持良好的心态。

（三）音乐修养

音乐作为服装表演背景的一部分，将服装与表演联系起来，为表演提供了情感和听觉环境。音乐是服装表演的灵魂，它可以强化服装设计的主题。音乐还会对模特的表现力和情感产生最直接的影响，所以作为一名服装模特，要学习一定的乐理知识，增强自己的音乐修养。只有理解了音乐，模特在表演时才能根据音乐的风格、节奏找到感觉，表演起来才能把动作、音乐和服装展示融为一体。由于模特要展示不同风格的服装，所以要求模特不能仅注重流行音乐，还要了解古典音乐。

（四）舞蹈基础

服装模特学习舞蹈，并不完全是为了表演舞蹈。舞蹈与服装表演是两种不同性质的表演，但两者之间却有着共同之处，它们都是以身体语言作为表现手段来表达思想和感情的。因此，模特必须通过学习舞蹈训练自身的接受能力、表达能力、控制能力以及力度等。

服装模特适当学习一些芭蕾舞、民间舞、迪斯科、爵士舞、交谊舞等，不断提高舞蹈修养和身体素质，对进行服装表演时掌握动作韵律、风格、仪表及整体动作的协调性会有很大的益处。此外，在表演时根据服装的不同款式也可以适时运用一些舞蹈动作。

（五）形象设计

形象设计是针对个人而进行的从“外”到“内”的全面的形象塑造，包括妆容、服饰色彩、服饰风格的搭配及对行为举止、气质谈吐的训练等方面的有关内容。

无论是在舞台上还是在生活中，服装模特的形象始终应该是“时尚”的化身。模特只有掌握了一定的形象设计知识，才能够增强对流行时尚的感悟力和理解力，从而及时敏锐地捕捉到最新的流行信息，把握住流行的节拍，并结合自身的特点进行修饰打扮，为自己设计出最完美的形象。同时还应该有一种直觉判断能力，懂得哪种妆容、哪些色彩和款式的服装适合自己，哪些不适合自己，从而做到扬长避短。

（六）服装设计

服装模特在表演前的首要工作就是领悟服装的设计内涵。许多模特的表演没有风格区别，以相同的表演形式展示不同的服装，表演呆板乏味，究其原因就是没能领悟出服装内涵的差异，这样也就不会有表演的灵感。因此，服装模特需要不断学习服装设计理论，了解服装设计的构思方法和过程，这样才能准确理解每一件服装所要体现的设计思想，在表演中尽可能生动、准确地将服装的内涵展示给观众。

举个例子，若要展示的服装是裙装，而且设计师在裙摆上进行了设计，模特只有在理解设计师的意图后，才能有效地向观众展示裙子的裙摆（图 3–8）。

又如在表演三件套服装且服装设计有特别之处时，在亮相时就应有意识地向观众展示出设计的亮点所在（图 3–9）。

如果衣服的门襟开在左肋的话，在亮相时要注意站立的方向（图 3–10）。

图3–8　图3–9　图3–10

对于领型、袖窿等局部的变化，模特也要从设计构思上理解。通过自己的理解争取展现出让设计师都未曾奢望的美感。服装模特在懂得了服装要表达的情感含义后，根据自己的身姿，走出最具有魅力的“猫步”，达到让观众认可设计师所设计的服装的目的。

（七）服装编导

服装编导是整场服装表演的策划者与组织者，掌控者服装表演演出的走向。而对于服装表演的另外参与者模特来说，服装编导知识也是必不可少的。从演出试装到排练再到正式演出，模特需要配合编导的意图，完成每一项工作。而当模特具备一定的服装编导知识，就会在短时间内理解编导的想法，甚至可凭借自身的经验提出有建设性的想法，提高演出的效率。此外，对于服装表演专业的学生来说，掌握服装编导知识也为今后从事服装表演行业奠定了基础。

（八）时尚讯息的把握

服装模特是时尚产业最为直观的代表，其自身具备着时尚性、潮流性等社会属性，模特们的举手投足都代表着时尚趋势的风向标，因此模特与时尚之间有着密不可分的关系。

一名职业模特，不仅需要理解所展示的服装作品，同时也要对当下时尚讯息有一定的把握，了解行业的发展走向，对流行款式、流行色有相应的理解，惟其如此才能懂得不断更新自己，使自身始终处在流行趋势之中，才能够很好地诠释时尚，保持时尚最本真的特质。

六、服装模特的职业道德

一名优秀的模特在具备了基本的身材条件和较高的专业素质、综合素质的基础上，还应该具有良好的职业道德修养。这主要包括敬业、守时和良好的合作精神等。

（一）敬业精神

敬业精神是做好本职工作的重要前提和可靠保障。模特的敬业精神表现在以下几个方面：首先，不管是在台上还是台下，模特都要时刻保持良好的形象。这里说的形象不仅指模特的外在形象，还包括模特的内在品质修养。尤其是为企业或产品做广告代言的模特更应如此。因为，此时的模特就变成了企业及产品形象的代表。模特应时刻不忘自己肩负的重任以及自身表现会给企业产品带来的相应影响。保持良好的形象，不仅是对模特自身的要求，也是模特创造产品形象的需要。其次，模特应保持认真地工作状态，无论是在正式演出还是在排练过程中，不要随自己的意愿挑选服装，要服从编导或设计师的分配，不对服装妄加评论，要爱惜演出服装。候场时要保持安静，不做接打电话、闲聊、大声说笑等与演出无关的事情。

（二）守时

作为一名模特，应具备良好的时间观念。如果模特不遵守时间，所有演职人员都要等其一人，从而影响到演出或排练的正常进行。一般租用的场地、道具费用、模特的出场费和其他工作人员的费用都是按小时计算的，一人迟到就会给主办方增加一系列不必要的支出。现今，一些企业和客户更是把守时明确作为招聘模特的一条标准。所以模特不遵守时间不但是对他人的不尊重，还会使自己失去信誉，从而影响到今后职业道路的发展。

（三）合作精神

服装模特要有良好的合作精神。模特的工作离不开与他人的合作，如模特与模特之间、模特与导演之间、模特与摄影师之间、模特与客户之间的合作。之所以要在模特的职业道德中强调与他人的合作，是因为模特大多是与“新人”合作，与新的表演者、新的工作人员、新的客户的合作。如果没有积极协作的精神，不能以正确的态度对待每一位客户和为其表演服务的工作人员，而是以自我为中心，处处从个人角度出发去要求对方、评价对方，那将不可能有好的合作效果。当今世界上被众多模特所崇拜的偶像辛迪·克劳馥有许多优点，其中有一点让人称道的是她从不摆明星的架子，特别容易与别人合作。

小结

1. 模特分为美术模特、汽车模特、“部件”模特、广告模特、服装模特。

2. 服装模特按用途分为：走台模特、商业模特、试衣模特、电商模特。

3. 服装模特按年龄分为：儿童模特、青年模特、中老年模特。

4. 服装模特基本条件包括：身高与体重、比例、脸型与五官、颈长与肩宽、三围、四肢、手脚。

5. 测量上下身比例有比值法和差值法两种方法。

6. 服装模特的专业素质包括：表现力、理解力、想象力、适应力、个性气质、创造力。

7. 服装模特的综合素质包括：文化修养、心理素质、音乐修养、舞蹈基础、形象设计、服装设计、服装编导和时尚讯息的把握。

8. 模特要做到敬业、守时、有合作精神。

思考题

1. 模特共分几类？

2. 简述对车模的认识。

3. 服装模特按用途分几类？

4. 对走台模特有哪些要求？

5. 服装模特应具备的基本条件有哪些？

6. 简述测量模特比例的方法。

7. 服装模特基本条件中的首要条件是什么？为什么？

8. 服装模特的综合素质和职业素质各有哪些？

基础理论

音乐基础与制作

课题名称：音乐基础与制作

课题内容：服装表演的音乐

服装表演音乐基本特征

音乐的制作

课题时间：4 课时

教学目的：使学生了解服装表演的基本概念、特征，以及明确音乐制作的方法。

教学方式：讲授

教学要求：1. 对服装表演音乐有初步的认识。

2. 了解服装表演音乐的基本特征。

3. 会使用制作音乐的软件。

4. 掌握音乐选配的方法。

第四章　音乐基础与制作

一、服装表演的音乐

服装表演的音乐伴奏最早出现在20世纪初，由一个服装零售商在模特们展示服装时率先采用的，因为效果显著很快被其他的零售商采用，并广泛接受，因此音乐是服装表演组织者为烘托表演气氛而设计的有声音响环境。许多当代设计师认为“恰当的音乐是表演成功的要素之一”。

一方面，音乐的意境感和表现力、想象力可以限制观众的想象范围，引导观众欣赏的思路，启发观众对服装设计个性的理解与联想；另一方面，无论何种类型的音乐，其优美的旋律都可以充分表达出服装本身的内在韵味，同时起到烘托表演气氛的作用，让观众和表演者感到兴奋和愉悦。

此外，音乐还有衔接场次、暗示开场和结束以及调整服装模特走台节奏和调动表演情绪的作用。因此，在服装表演中，音乐作为舞台艺术的基本要素，在选择和编排上都有着特殊的要求。

（一）对于服装

音乐伴奏早期只是简单的陪衬表演，到今天在整个服装表演中起着重要的辅助作用，使服装表演整个商业包装、推广越加激烈，在这样的竞争环境下，商家会调动一切有利于烘托气氛、展示服装的手段来推销自己的服装商品。音乐在服装表演中，作为感知设计作品的听觉表达，是调动观众更多感官刺激的得力助手。配合良好的音乐伴奏能够提升服装本身的品质、主题和感染力，让观众在除了视觉观感之外对服装多一分理解，拓展观众的想象空间，帮助设计师诠释服装的内涵魅丽，从而愉悦观众，使其产生购买的愿望。

（二）对于观众

对于观众而言，音乐能很好地引导他们观看服装表演的情绪。在表演前，观众进场等候期间播放舒缓、轻柔的音乐，能够有效放松观众的情绪，营造表演前良好的观看氛围；开场前片刻的静音能起到令观众安静下来准备进入观看表演的气氛当中；服装展演过程中的音乐要更加讲究，以充分符合服装气质和营造主题氛围的音乐效果为成功标准。

（三）对于模特

对于表演模特而言，音乐的节奏感也是调动起走台兴奋感的重要因素。模特们习惯踏着音乐的节拍走台，最好能选用模特步速能够达到的音乐节奏，不要过快或过慢。要留意的是，音乐的快慢会直接影响模特们走台的时间。音乐节奏快的话，在相同的时间里，需要更多的服装展示，这些在预演时要提前安排妥当。由于模特的步伐大小、进退场的快慢每一场都会有所不同，因此，准备音乐时要留有足够的时间，以免发生模特还在走台，音乐却已经结束的尴尬场面。

二、服装表演音乐基本特征

表演音乐运用到管乐、弦乐、声乐，但声乐运用很少，要具备以下三方面特征。

（一）明确风格

表演音乐的风格定位要与服装表演的主题风格相一致。因为当音乐和服装整体风格统一时，观众的视觉和听觉可以相呼应，从而达到强化，服装表演的艺术魅力会变得更加耀眼，视觉效果更加突出。

为了表演风格更加明确，音乐的运用需要更有成效，设计师就必须认真协调音乐和表演的配合关系。音乐的类型非常丰富：古典音乐、乡村音乐、电子音乐、流行音乐、摇滚音乐、爵士音乐、朋克音乐、重金属音乐等。除了要达到某种特殊效果外，绝大多数的服装表演都会要求选取的音乐感觉与服装风格相匹配。如果在休闲运动装主题的服装表演中选择古典音乐，或者在高级定制的优雅主题表演中大放摇滚音乐，一定会让观众视听产生错位，从而导致服装不伦不类，整体效果大打折扣，毋庸置疑，这是一场失败的表演。

（二）节奏感鲜明

只有音乐的节拍强弱清晰，模特的走台才会更有视觉效果，更加适合模特进行服装展示，过快或者过慢的音乐节奏都会影响模特走台和对服装展示时的正常发挥。

（三）主题朦胧

服装表演音乐要求主题朦胧，具有外延性和互动性。

通常情况下，设计师会选择主题较为模糊的音乐，以便调动现场观众的思维联想力，但总体上还是要遵循一个原则，即音乐风格和服装风格不冲突。比如，在大多数的商业演出中，音乐的选择都会中规中矩，像古典音乐运用到礼服类会显得较为隆重和正式；爵士音乐、摇滚音乐常运用在服装风格不羁、造型个性的表演当中；乡村音乐则常常运用在气质洒脱、质地考究的以乡村为灵感设计的服装表演中。

三、音乐的制作

在服装表演诸多的元素当中，音乐是重要的组成部分。它可以让抽象的视觉表现通过与听觉艺术的配合而让观众对服装作品产生立体和空间的遐想。当音乐的节奏、旋律和强弱与具有相似感觉的服装作品产生呼应时，音乐就会成为在服装表演中表达服装作品主题和情感的有声语言，在表现服装作品的手法上，达到烘托主题、引人入胜的作用。

服装表演编导在选择演出音乐时，首先要注意所选乐曲的风格、表现形式要与服装的表现内容相符合。其次，乐曲体现的思想感情要与所表现的服装相互关联、相互呼应。除此之外，音乐的节奏感和延伸感也应是选择的必要条件，由于服装表演是一个动态展示过程，音乐节奏的快慢直接影响着模特展示的步调节奏。

随着服装表演形式的多样化发展，服装表演中的音乐选用也变得越来越多元化，在一些为了体现某种前卫、夸张、区域文化性、具有戏剧效果的服装展示当中，音乐并非想象中的那样与服装相契合，偶尔格格不入的音乐搭配也会使服装表演产生特殊的艺术效果。总而言之，在服装表演中音乐的选取要符合整体的表现主题。

时尚编导给模特“说戏”的最好办法就是让模特认真地听音乐，让模特从音乐的旋律、节奏、配器以及音效的处理中来体会编导对这组服装表演的要求，从音乐中找出服装作品的内涵。

（一）注重音乐素材的收集

☆在香港和欧美国家的音像店购买。海外音像店音乐的品种多、分类全、出版新品的速度快，而且可以试听，可以有选择地购买。

☆购买“锯口 CD”。有专门进口音乐样带的公司出售海关锯口的 CD，这些 CD 一般是样品，我们不主张使用这些音乐，但可以从这些 CD 的音乐中找到这些唱片公司的信息，从而从唱片公司购买可用的音乐教材。

☆从网络上下载音乐。

☆找音乐制作人购买素材。

☆找专业 DJ 定制音乐。

☆从 DVD 中提取音乐。

（二）注重音乐素材的归类

做好音乐素材的归类和存放是非常重要的，根据编导的习惯可以将音乐按照不同的方式存放。

1. 按照音乐的风格分类

☆电子音乐。

☆古典音乐。

☆电影音乐。

☆中国民族音乐。

☆外国民间音乐。

☆打击乐。

☆特殊音乐家或制作人专辑。

☆爵士乐。

☆独奏类音乐。

☆歌剧、舞剧、音乐剧及其他舞台剧音乐。

2. 按照音乐用途分类

☆基本走台音乐（重节奏、轻节奏、旋律感强的、没有节奏的、没有旋律的、柔美的等）。

☆特效音乐（风声、雨声、打雷闪电等）。

☆观众进场及退场音乐。

☆领导及主持人上场音乐。

☆谢幕音乐。

☆颁奖音乐。

☆酒会及 Party 音乐。

（三）音乐的选配

1. 保持音乐风格的统一 一般而言，在同一场服装表演中，应该有统一的音乐形象。不同风格音乐的交叉使用要过渡得自然流畅，否则会在音乐形象上造成“大杂烩”的感觉。当然，统一和出其不意是有矛盾的，但只要处理得巧妙，也会构造出好的听觉效果。

2. 音乐的色彩感 色彩是人们对服装视觉的第一感受，音乐虽然是听觉艺术，但其也有着强烈的视觉色彩的感受。如果红色礼服配上《蓝色多瑙河》就会感到不协调；把黄色的服装配上《神秘园》的小提琴乐曲也会感到别扭；而黄色飘逸的服装配上喜多郎的电子乐也是比较恰当的；如果把白色轻柔的服装配克莱德曼的钢琴曲可能会有一种轻柔和美妙的感觉。因此在选配音乐的过程中，要认真体会和感受音乐所带来的色彩感。

3. 音乐的重量感 服装的分量感是设计师对服装造型的基本手段之一，而作曲家在编写音乐作品时通过其配器、节奏和速度也能表现出重量的感觉。如果我们能够找出相配的具有同样重量感的音乐，一定是对服装作品最好的表现方式了。在轻柔的小提琴独奏的旋律中配上笨重的靴子和厚重的服装就会感到难受；相反快速和强低音节奏的音乐来衬托飘逸的丝绸长裙，也会产生差异感。

4. 音乐的质地感 质地是形容面料的词汇，但如果我们认真地分析和感受音乐，也会从音乐的旋律和节奏中找出一种质地的感觉，这是时尚编导比其他艺术形式的编导所具有特殊的对音乐的感受和理解。

5. 避免“万能音乐” 有一些时尚编导认为只要有声音、有节奏的音乐就是服装表演音乐了，不管是什么风格的服装都可以随意地配上音乐，因此就出现“万能音乐”这个词。即便是同一首音乐作品，其在不同环境、不同灯效、不同舞台上甚至对于不同服装作品会有着不同的效果和感受。努力寻找出服装和音乐所共有的艺术形象是时尚编导最基本的工作态度和基本技能。

6. **音乐制作的新挑战** 随着我国法治社会建设的越来越成熟，音乐版权问题必将成为我们制作服装表演音乐的大问题。这对于我们一直沿用的东拼西凑音乐素材的习惯是个非常大的挑战和打击，因此，尽快将服装表演音乐制作的规范化、专业化、合法化已经是势在必行了。在发达国家，音乐版权是件非常严肃的事情，越是著名的设计师或品牌越注重版权方面的事情，如果冒犯会遭到法律的制裁。欧美的服装表演制作一般都是由专职的音乐制作人改编或者编曲，设计师或者编导向这些音乐制作人购买使用版权，如果是选择成品的唱片作为服装表演音乐，需要交付版权使用费。特别是在电视台播出的节目更要注意版权问题。建议我们在没有音乐制作人的情况下，尽量选择有出处的音乐素材（包括有出版社或者发行商的名字、电话、传真、邮件地址等），然后再向中国音乐家协会著作权委员会缴纳版权使用费。

（四）Cubase 软件的运用——音乐加长

1. Cubase5 **的安装** 打开软件，中间的小窗口供大家新建工程和打开工程，如果想录一首歌，需要新建一个工程，点击“新建工程”，进入如图 4-1 所示界面。

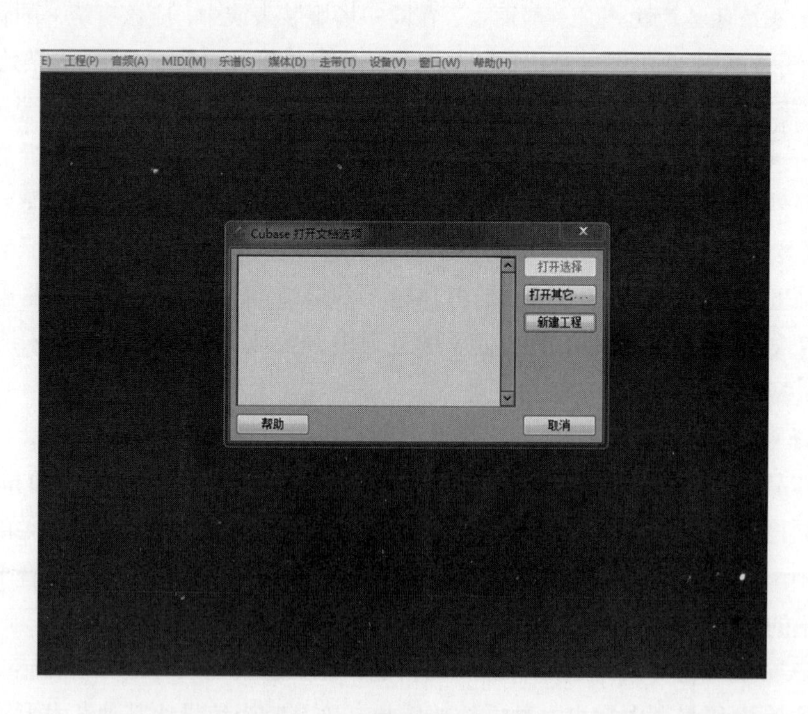

图4-1

选择“空白”选线，点击“确定”，下面需要选择工程所在文件夹（图 4-2）。

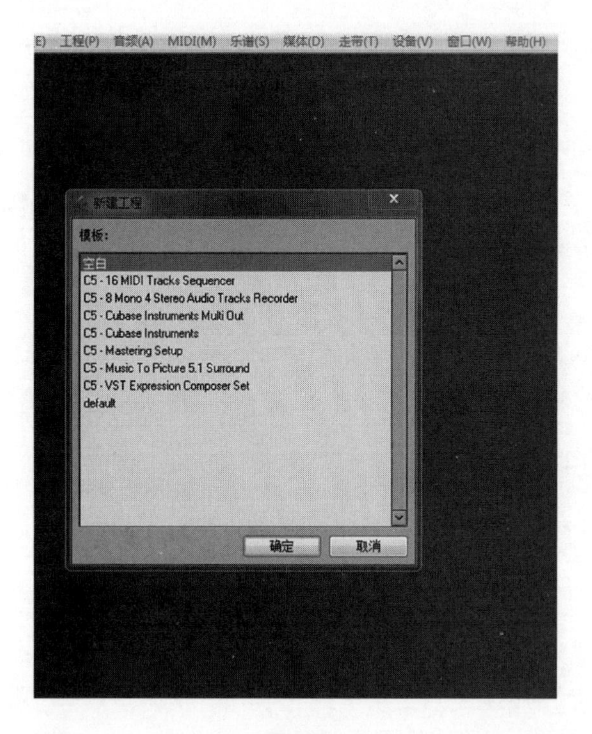

图4–2

这一步需根据目标诉求，一般是每录一首歌新建一个以这首歌命名的文件，然后将工程保存在这个文件夹内，这样每首歌对应的工程和这首歌录制的人声文件都会保存在这首歌对应的文件夹内，归类非常清晰选择好文件夹后点击“确定”，就进入 Cubase 的主界面了（图 4–3）。

图4–3

双击此工程窗口将其最大化（图 4–4）。

图4–4

进行一下音频驱动的设置：点击菜单栏的“设备”选项，选择“设备设置”（图 4–5）。

图4–5

在弹出窗口的左侧选择“VST 音频系统”，再在右边的“ASIO 驱动程序”选择框里面选“ASIO4ALL”，再在窗口左边选择“ASIO4ALL”（图 4–6）。

再在右边点击“控制面板”按钮（图4–7）。这时出现了刚才安装的“ASIO”驱动的控制面板，如果此时控制面板要比上图中的控制面板的选项少很多，那么点击控制面板右下角的扳手按钮，这时高级选项就都出现了，“我的电脑”上有两个声卡，一个板载声卡，就是面板左侧的Sigma Tel High Definition Audio CODEC，还有一个外置声卡

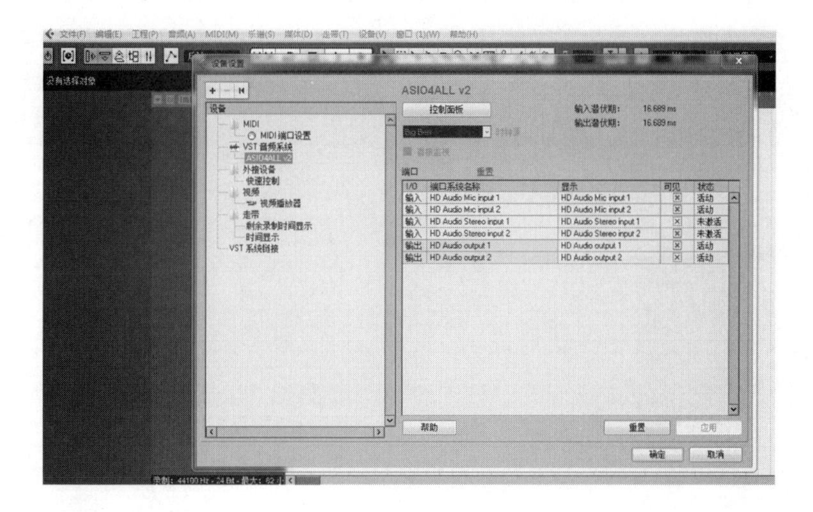

图4–6

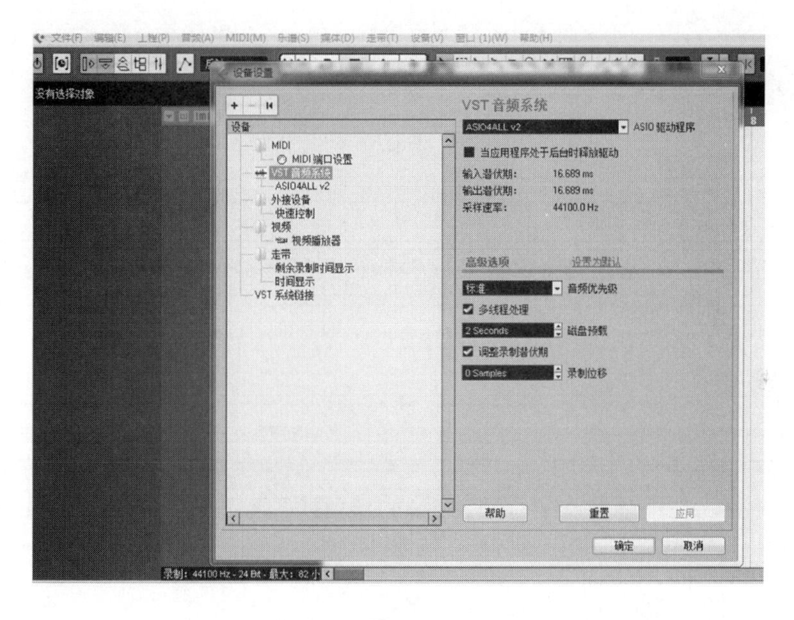

图4–7

M-audio，选择目标要使用的声卡（使用哪个声卡就把那个声卡选项前面的选项灯点亮，把不使用的声卡都点灭），然后点击声卡前面的加号，显示出此声卡的几个通道，比如板载声卡有四个通道，前两个Muxedln 分别是麦克风输入和线路输入，spdifout是数字输出，speaker/HP是耳机输出，若要用麦克风输入和耳机输出（不同声卡的这几个选项名称都不一样），就需要通过尝试和对选项名称的理解来选择麦克风输入和耳机输出，把用不到的通道的选项灯点灭，然后就要设置下面的ASIO buffer size了。

2. **音乐制作前的准备**　上一步设置完成进入工程后，在如图 4–8 所示的区域将音乐文件直接拖拽过来。同理，再将同一首歌再次拖进下一个轨道当中，为音乐加长做准备。第二个音轨建好以后，需将该音轨拖拽到第一个音轨的最后端，进行首尾相接。

图4–8

如图 4–9 所示，现在两个音轨处于首尾相接的情况，为了使之更好地去衔接，我们需要用到渐强和渐弱快捷键。

图4–9

在第一个音轨的尾端的右上角和第二个音轨的尾端的左上角有一个黑色双箭头符号，用它来调节音乐的渐强与渐弱（图 4–10）。

图4–10

3. **音频的导出**　在音轨的上方有一段数字标识，点击上方的数字标识，会出现如图所示的白色三角符号（图 4–11）。

左右拉动所选区域，将两个音轨从头到尾框起来，数字标识区域显示为蓝色，说明操作正确；当区域变为红色，请将箭头向相反的方向进行拖拽（图 4–12）。

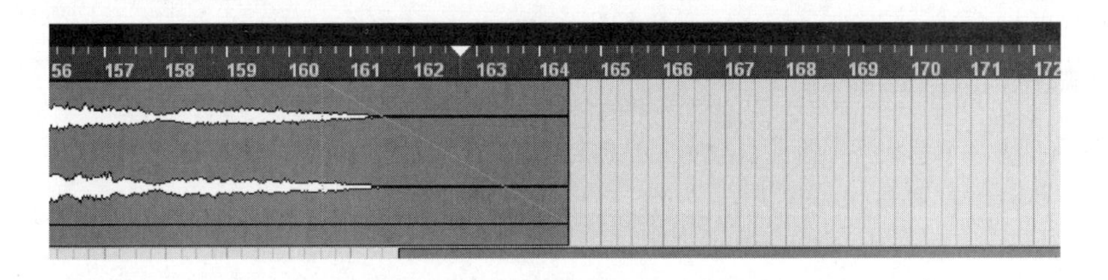

图4–11

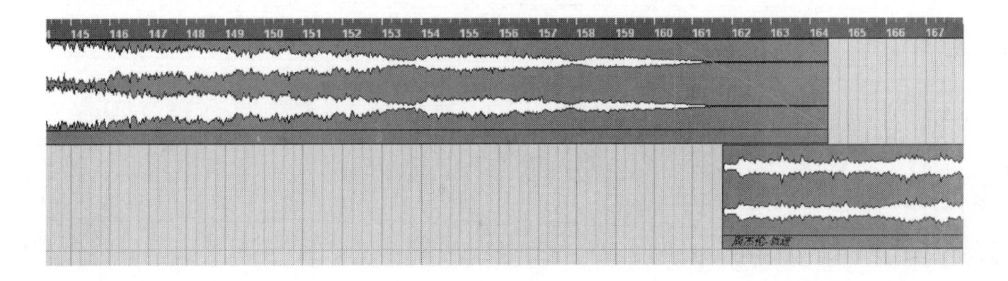

图4–12

导出音乐：选择文件→导出→音频缩混。点开会出现一个对话框（图 4–13）。输入目标需要的文件名和导出的途径，就可以点击导出（图 4–14）。

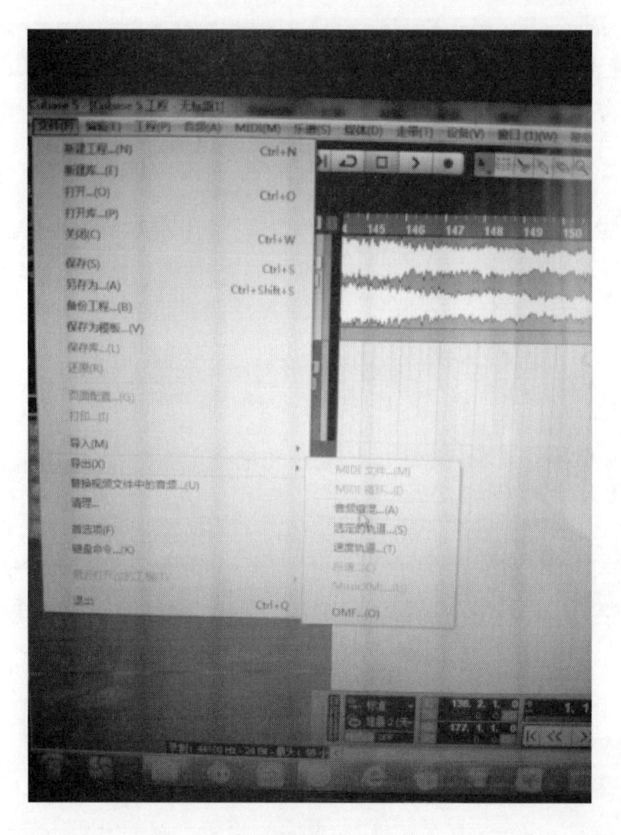

图4–13

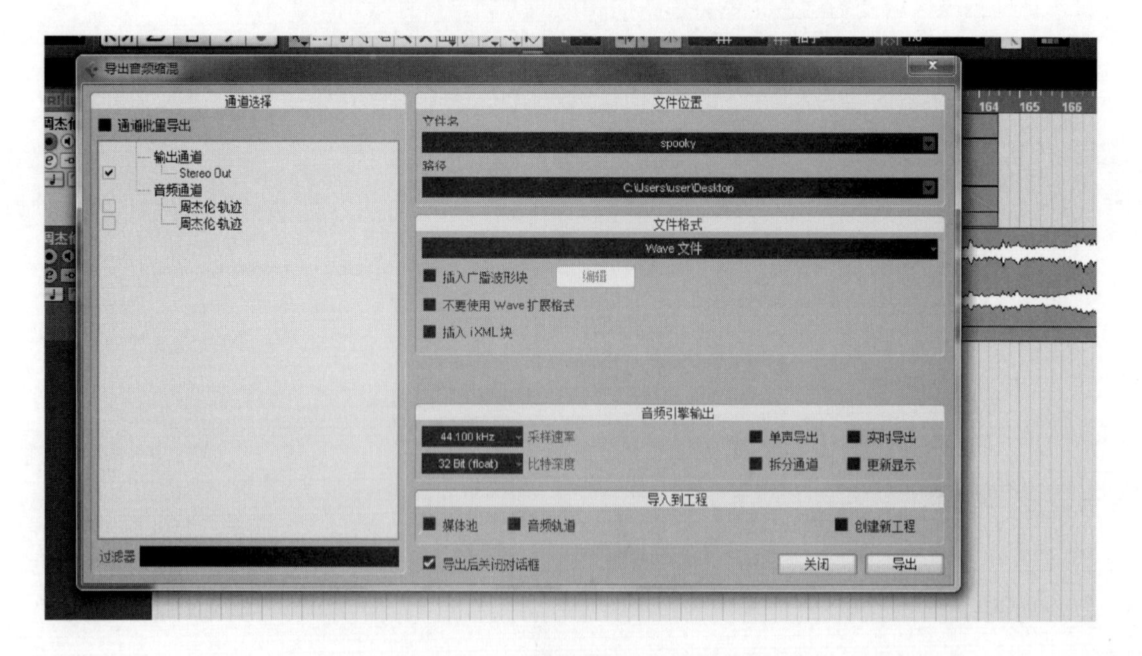

图4–14

小结

1. 音乐是服装表演组织者为烘托表演气氛而设计的有声音响环境，其最早出现在20世纪初。

2. 表演音乐要具备以下三方面特征：明确风格、节奏感鲜明、主题朦胧。

3. 音乐的类型非常丰富，包括：古典音乐、乡村音乐、电子音乐、流行音乐、摇滚音乐、爵士音乐、朋克音乐、重金属音乐等。

4. 服装表演编导在选择演出音乐时，首先，要注意所选乐曲的风格、表现形式要与服装的表现内容相符合。其次，乐曲体现的思想感情要与所表现的服装相互关联、相互呼应。除此之外，音乐的节奏感和延伸感也应是选择的必要条件。

5. 音乐选配的方法包括：保持音乐风格的统一、注重音乐的色彩感、重量感和质地感、避免“万能音乐”、使用有出处的音乐素材。

6. 在没有音乐制作人的情况下，尽量选择有出处的音乐素材（包括有出版社或者发行商的名字、电话、传真、邮件地址等），然后再向中国音乐家协会著作权委员会缴纳版权使用费。

7. Cubase软件应用方法。

思考题

1. 表演音乐在服装表演中的重要性。
2. 音乐应具备的特征？
3. 服装表演音乐选择的原则。
4. 素材的搜集渠道有哪些？
5. 阐述音乐的选配方法。
6. 音乐制作面临的新挑战及解决方法。
7. 音乐制作软件Cubase的实践运用，并尝试自拟主题选择及制作表演音乐。

应用理论与训练

服装模特的形体训练

课题名称：服装模特的形体训练

课题内容：准备训练

热身组合训练

地面训练

把杆训练

器械训练

课题时间：32 课时

教学目的：使学生明确服装表演训练前的准备训练、热身组合动作，以及形体训练包括的地面训练、把杆训练、器械训练的动作要领、方法。

教学方式：训练

教学要求：1. 训练时要穿着形体衣、软底鞋或运动鞋，女生束发。

2. 必要的准备动作防止损伤关节。

3. 注意动作的协调性、连贯性。

4. 形体动作要尽量到位。

5. 注意动作与音乐的配合。

第五章　服装模特的形体训练

形体即是人体的外形，是人体结构的外部表现。对于服装模特而言，形体是最重要的评判条件。形体好坏一方面是先天的，另一方面还需要加强训练塑造更加良好的身形。模特形体训练首先是以人体科学为理论基础，通过各种专项动作练习塑造和改变不良形体的原始状态，提高其协调性、灵活性，增加形体的可塑性，并能够增强体质，它是有计划、有目的、有组织的培养模特素质教育的过程。

服装模特的形体训练内容主要包括准备训练、热身组合训练、地面训练、把杆训练、器械训练。无论是哪种训练方式都要求学生做好充分的准备活动和放松动作。训练时要穿着形体服、软底鞋或运动鞋，女生尽量束发。

一、准备训练

模特在进行台步基础训练前，一定要做些必要的准备动作。准备训练也是局部的徒手训练，分为头颈部、肩部、胸部、腰部、胯部、腿部及踝部等。

（一）头、颈部

头、颈部动作的训练能够有效提高颈部的灵活性，使模特在台前转身留头动作更加流畅连贯。模特首先小八字站立准备，双手自然垂于身体两侧，颈部直立，目视前方（图 5–1）。

1. **含头、仰头**　动作从含头开始，尽量拉伸颈部，目视下方（图 5–2），然后还原动作，再向后仰头，目视天棚，动作还原，2 拍一个动作，共 2 × 8 拍。

2. **转头**　动作从头部向左侧转动开始，尽量拉伸侧面的肌肉，目光随着头部进行移动，（图5–3），然后还原动作，再向右侧转动头部，动作还原，2拍一个动作，共2 × 8拍。

3. **倾头**　动作从头顶开始，向左侧肩膀上倾倒，但保持肩膀自然下垂，尽量贴近肩膀（图 5–4），然后动作还原，再向反方向进行倾倒，2 拍一个动作，共 2 × 8 拍。

4. **绕头**　动作从含头开始，360° 顺时针转动一个 8 拍，再逆时针转动一个 8 拍。

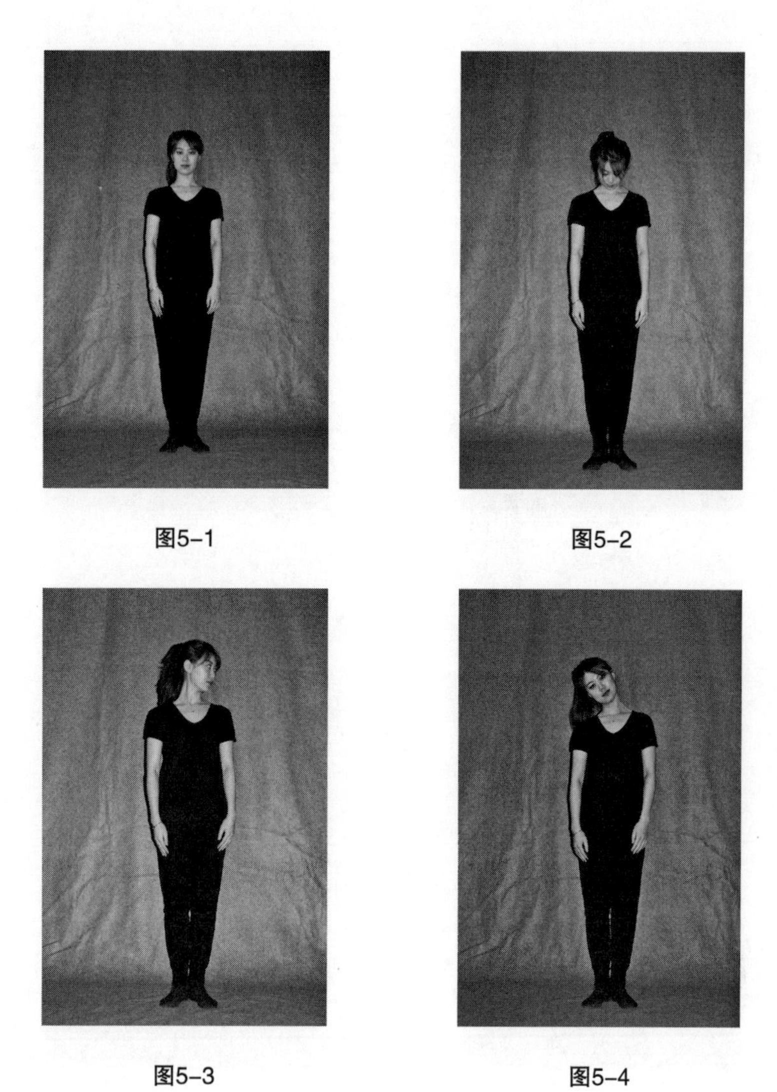

图5–1

图5–2

图5–3

图5–4

（二）肩部

1. **提肩**　动作由肩部带动整个手臂向上提，动作进行时手臂伸直，与身体保持 30°夹角（图 5–5），先提左肩 2 拍一动，共 2 × 8 拍，然后还原动作，再提右肩，2 个 8 拍。

2. **绕肩**　动作以肩部为轴进行局部转动，转动过程中可以借助手臂的活动从而使肩部最大限度地活动开（图 5–6），先左肩后右肩，2 拍一个动作，左右共 4 × 8 拍。

（三）胸部

1. **含胸**　两脚分开与肩同宽或大于肩宽，双臂放松垂于体侧，由胸部带动上身向后靠，下半身保持不动，肩部带动手臂内收（图 5–7），2 拍一个动作，共 2 × 8 拍。

2. **展胸**　两脚分开与肩同宽或大于肩宽，双臂放松垂于体侧，再含胸的基础上，也同样由胸部带动上身向前，与此同时肩部带动手臂展开，胸部向前挺（图 5–8），2 拍一个动作，共 2 × 8 拍。

图5–5

图5–6

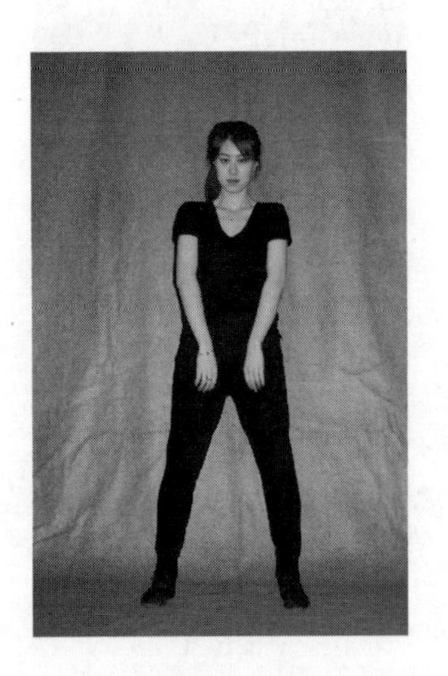

图5–7

图5–8

（四）腰部

两脚分开与肩同宽或大于肩宽，双手插在腰间（图 5–9），顺时针转动腰部 2 个 8 拍，再逆时针转动 2 个 8 拍。

（五）胯部

1. **顶胯**　两脚分开与肩同宽或大于肩宽，双臂放松垂于体侧，屈膝双腿下蹲，腿部角度略大于 90°（图 5–10），上身与腿部保持不动，胯部进行前顶与后移，1 拍一动，共 2 × 8 拍。

2. **摆胯**　两脚分开与肩同宽或大于肩宽，双臂放松垂于体侧，屈膝双腿下蹲，腿部角度略大于 90°（图 5–11），左右摆动胯部，2 拍一动，共 2 × 8 拍。

图5-9

图5-10

图5-11

（六）腿部

1. **后踢腿跳**　双脚并拢，双手叉腰保持直立，跳起的同时屈膝，小腿后抬，以脚跟踢到臀部为标准（图 5-12），1 拍一动，共 2×8 拍。

2. **前抬腿跳**　双脚并拢，双手叉腰保持直立，跳起的同时屈膝，大腿高抬，使大腿与上身呈 90° 为标准（图 5-13），1 拍一动，共 2×8 拍。

图5-12

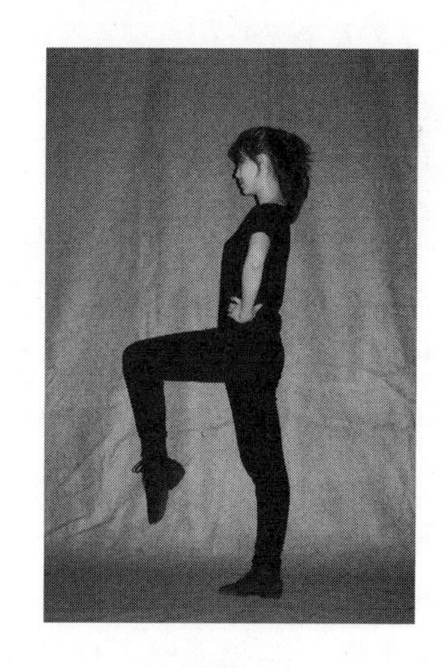

图5-13

（七）踝部

1. **转踝关节**　双脚略分开，左脚脚尖点地转动左脚踝部（图 5-14），1 拍一转动一圈，然后还原，再进行右脚踝部的转动，1 拍转动一圈，共 2×8 拍。

2. **提脚跟**　双脚并拢，双手叉腰，身体保持直立，且大腿绷直的同时将脚跟抬起，使身体全部重量落于脚尖（图 5-15），2 拍一动，2 拍后脚跟落地，共 2×8 拍。

图5–14

图5–15

二、热身组合训练

通过从头到脚的热身动作能够防止损伤关节，使肌肉、韧带、关节得到充分启动，使人尽快适应调节的运动状态，为模特进入正式训练做好准备。

（一）头颈肩组合

节奏：2/4（音乐自选）。

准备：双腿打开，与肩同宽或略大于肩宽。

第一组动作：

1~2 拍低头，3~4 拍抬头，5~8 拍重复 1~4 拍动作。

2~2 拍仰头，3~4 拍立头，5~8 拍重复 2~4 拍动作。

3~2 拍头向左摆，3~4 拍立头，5~8 拍重复 3~4 拍动作。

4~2 拍头向右摆，3~4 拍立头，5~8 拍重复 4~4 拍动作。

5~2 拍头向左靠，3~4 拍立头，5~8 拍重复 5~2 拍动作。

6~2 拍头向右靠，3~4 拍头直起，5~8 拍重复 6~2 拍动作。

7~1 拍左肩上提，2~ 拍还原，3~ 拍左肩下抻，4~ 拍还原，5~8 拍重复 7~2 拍动作。

8~1 拍右肩上提，2~ 拍还原，3~ 拍右肩下抻，4~ 拍还原，5~8 拍重复 8~4 拍动作。

8 × 8 拍为一组。

第二组动作：

1~1 拍双肩上提，2~ 拍还原，3~ 拍双肩下抻，4~ 拍还原，5~8 拍重复 1~4 拍动作。

2~2 拍左肩前绕，3~8 拍重复 2~2 拍动作；3~2 拍右肩前绕，3~8 拍重复 3~2 拍动作。

4~2 拍左肩后绕，3~8 拍重复 4~2 拍动作；5~2 拍右肩后绕，3~8 拍重复 3~8 拍动作。

6~2 拍双肩前绕，3~8 拍重复 6~2 拍动作；7~2 拍双肩后绕，3~8 拍重复 7~2 拍动作。

8~1 拍左肩上提，2~ 拍右肩上提，3~ 拍左肩下抻，4~ 拍右肩下抻，5~8 拍重复 8~2

拍动作。

（二）胸胯组合

第一组动作：

1~2 拍胸部展胸，3~4 拍胸部含胸，5~8 拍重复 1~4 拍动作。

2~2 拍胸部向左横移，3~4 拍胸部向右横移，5~8 拍重复 2~4 拍动作。

3~1 拍胯部向前，2~ 拍还原，3~ 拍胯部向后，4~ 拍还原，5~8 拍重复 1~4 拍动作。

第二组动作：

4~2 拍胯部向左滑动顶胯，3~4 拍胯部向右滑动顶胯，5~8 拍重复第二组动作。

每个动作再 1 个 8 拍。

5~4 拍胯部向右平圆环绕，5~8 拍重复 5~4 拍动作。

重复 3 个 8 拍。

1~4 拍胯部向左平圆环绕，5~8 拍重复 1~4 拍动作。

重复 3 个 8 拍。

第三组动作：

1~4 拍胸部向右平圆环绕，5~8 拍重复 1~4 拍动作。

重复 3 个 8 拍。

1~4 拍胸部向右平圆环绕，5~8 拍重复 1~4 拍动作。

重复 3 个 8 拍。

（三）步伐组合

1~4 拍右脚前四位站立，蹲 15° 面对 1 点，5~8 拍左脚前四位站立，起直。

重复 4 拍，1 拍一次屈伸。

5~8 拍上左步，面向 7 点，1 拍一次屈伸。

3~4 拍上右步，面向 5 点，1 拍一次屈伸。

5~8 拍上左步，面向 3 点，1 拍一次屈伸。

完成四个方向 1、7、5、3 点。

（四）跳跃运动

4 × 8 拍前踢腿跳，再 4 × 8 拍后踢腿跳，后 4 × 8 拍高抬腿跳。

（五）脚踝组合

1~4 拍活动左脚脚踝，5~8 拍重复 1~4 拍动作；2~4 拍活动右脚脚踝，5~8 拍重复 2~4 拍动作；3~2 拍抬脚跟，3~4 拍落脚跟，5~8 拍重复 3~4 拍动作。

再重复 3 个 8 拍。

热身组合结束。

三、地面训练

（一）脚型训练

1. *勾脚*　双腿伸直坐于垫子上，挺直上身，与腿部呈直角，膝盖绷直，双臂展开放于体侧（图 5–16），勾脚动作为脚趾带动脚掌向上勾，脚跟向前用劲。

2. *绷脚*　双腿伸直坐于垫子上，挺直上身，与腿部呈直角，膝盖绷直，双臂展开放于体侧（图 5–17），绷脚动作为脚趾带动脚掌向下绷，脚跟顺势向后移动。

3. *环绕*　动作由绷脚开始，顺时针转动，转为勾脚再转成勾脚，为一圈。

图5–16

图5–17

（二）腹部训练

平躺于地面垫子上，双手垫于腰间，由腹部发力使腿部与上半身呈 90° ，下落时，腹部控制下落速度，控制速度为快抬慢落，使腹肌充分膨胀，从而达到腹部的训练效果。

（三）腿部训练

1. *前踢腿*　双臂展开侧正前方平举，右脚前点地，身体保持直立，右脚向前迈出的同时左脚向正前方踢腿，下落时控制腿部力度并脚尖点地，移动重心，左脚向前迈的时，右脚向正前方用力踢腿，下落时同样要控制腿部力量，左右脚交替进行，依次重复。

2. *侧踢腿*　双臂展开侧正前方平举，右脚前点地，身体保持直立，右脚向左脚前一脚掌的距离迈出，与此同时左腿向左侧用力高抬，下落时控制腿部力度并脚尖点地，然后左脚向右脚前方迈出，与此同时右腿向右侧用力高抬，左右脚交替进行，依次重复。

（四）腿部与腹部结合

平躺于地面垫子上，双手垫于腰间，由腹部发力使腿部与上半身呈 90° ，下落时，腹部控制下落速度，控制速度为快抬慢落，使腹肌充分膨胀，从而达到腹部的训练效果。

平躺于地面垫子上，双手伸直落于耳旁，由腹部发力使腿部高抬，与此同时双手带动上身抬起，手指够脚尖，腹部与腿部控制动作的速度。

四、把杆训练

（一）擦地

左手扶把杆，双脚呈一字脚位，右手一位手离小腹右侧一拳远。

预备拍 5、6、7、8，右手由肘部带动，手位为兰花指呈侧平举。

1~2 拍右脚绷脚擦地出腿，3~4 拍绷脚擦地收回，5~6 拍向右侧绷脚擦地出腿，7~8 拍擦地收回。

2~2 拍右脚绷脚向后擦地出腿，3~4 拍绷脚擦地收回，5~8 拍屈膝下蹲，起身的同时收手呈一位手位。

转身换为右手扶把杆：

1~2 拍左脚绷脚擦地出腿，3~4 拍绷脚擦地收回，5~6 拍向左侧绷脚擦地出腿，7~8 拍擦地收回。

2~2 拍左脚绷脚向后擦地出腿，3~4 拍绷脚擦地收回，5~8 拍屈膝下蹲，起身的同时收手呈一位手位。

（二）划圈

左手扶把杆，双脚呈一字脚位，右手一位手离小腹右侧一拳远。

预备拍 5、6、7、8，右手由肘部带动，手位为兰花指呈侧平举。

1~2 拍右脚绷脚擦地出腿同时屈膝，3~4 拍绷脚划半圈收回并起身，5~6 拍向后侧绷脚擦地出腿同时屈膝，7~8 拍绷脚划半圈收回并起身。

转身换为右手扶把杆：

1~2 拍左脚绷脚擦地出腿同时屈膝，3~4 拍绷脚划半圈收回并起身，5~6 拍向后侧绷脚擦地出腿同时屈膝，7~8 拍绷脚划半圈收回并起身。

（三）压腿

面向把杆，左手扶把杆，右腿脚腕处搭于把杆上，并绷脚，右手三位手，2 拍一动，下压时上半身尽量紧贴腿部，膝盖不能弯曲始终绷直，2 个 8 拍后转为压旁腿，此时换右手在腿前扶把杆，左手换位三位手，2 拍一动，下压时要求与正腿要求一样。2 个 8 拍后下把杆，换压左腿。

五、器械训练

（一）胸部

胸部是指颈部下界和骨性胸廓下口之间的位置，其外界则是指三角肌的前后缘，胸部被称为人体第二大体腔局部。为此，作为服装模特需更加重视锻炼胸部，塑造完美体形，保证身体健康。胸部肌肉又可简称为胸肌，针对胸部的器械训练往往就是锻炼胸部肌肉，肌肉是人体的重要组成部分，胸肌训练必须严格遵守三个重要原则：第一，保证长期的训练；第二，坚持大运动量和大强度的运动训练；第三，保证正确的训练方式。

训练人体胸部肌肉需要结合实际情况，采用不同的训练器械，从而确保进行科学化、合理化的训练过程。在此过程中需要尤为注意，在每天训练之前应当保持 10 分钟左右的热身训练，确保将人体的各个细胞和环节保持在最佳的调节状态之下。另外，每次的器械训练应当保持有规律的，且每项训练方式都要按照这样规定的次序进行下去。

1. **负重臂屈伸** 负重臂屈伸的目标为人体的下胸部位置以及三角肌前束和三头肌（辅助肌群）位置。其要领在于：大多数人群会选择数次臂屈伸锻炼下胸部，在一定程度上无法形成锻炼胸部肌肉的最大化成果。如果增加负重，则会促使运动动作变得难度更高，而且仅需要做较少的次数就可以了。其初始姿势在负重腰带上加上适当重量的铃片，将其挂在腰部的链子上面。小心的蹬上臂屈伸杠，握距应当要保证比肩稍微宽一点，且掌心向里。跳起来的时候应当保证双臂完全伸直，肘部不要锁死，双脚应当在身体向后交叉并向上抬起，确保身体中心可以向前倾斜。其动作在于：确保肘部位置弯曲，从而促使身体下降，在做动作的时候肘部位置应当向身体外侧伸张。并控制其幅度有效避免下降太低，从而造成的过度拉伤肩关节。努力将胸部进行挤压，从而将身体向上推起直到双臂可以保证完全伸直位为止，图 5-18 为初学者不加负重的练习动作。

2. **上斜低位拉力器飞鸟** 上斜低位拉力器飞鸟的针对目标是人体的上胸部位置以及三角肌的前头（辅助肌群）。这一动作的要领在于：作为上斜哑铃飞鸟的替代品而言，二者的差异在于拉力器，这是有角度的上拉动作，而不是竖直上拉的情况。其原因在于它是一个分离性动作（单关节动作），为此，必须将其放在胸部器械锻炼的最后环节。其初始姿势为：将平凳设置成为上斜角30° 的状态，放置在两个拉力器的中间位置，并将低位拉力器安装上D型把手。通过对平凳位置的调节，从而确保肩部和拉力器之间保持在一个直线上面。正向握住把手，并坐在凳子上面，挺胸。在运动的全过程中都要保证肘部的角度必须是不变的。其动作在于：收缩胸部肌肉，双手以宽弧形的形状在胸部上方位置彼此靠近，其动作顶部应当努力进行挤压。力量在放松之前保持呼气，之后再根据原路返回的原理回到最初的位置，切记不要让拉力器把肘部向后拉的位置太过遥远（图5-19）。

图5-18

图5-19

（二）背部

背部主要是由两肩和背上部共同形成的人体骨架，人体背部是最为适合负重的身体部位。实现背部肌肉的锻炼在一定程度上可以通过器械来予以实现，通过器械锻炼背部肌肉可保证自身气质更为发达。

1. **单臂哑铃划船**　单臂哑铃划船可以将两侧的背阔肌进行独立分开，在一定程度上可以有效解决那些背部不对称的锻炼者，主要锻炼的就是人体中部背阔肌位置。其动作要领在于屈体利用正向手握的方法抓住哑铃，并将另一只手放在长凳上面支撑身体，另一只膝盖则呈弯曲状态支在长凳上面，身体需要保证与地面几乎平行的状态，并抬头挺胸。另外，将重量尽量放在地低，掌控住身体并将重量拉起。过程中需尽量保证身体呈静止状态，用背部将哑铃拉到体侧，最后将哑铃缓慢放下，并保持着对重量的控制（图 5–20）。此外，杠铃俯身划船和 T 杠俯身划船同样是用于锻炼背部肌肉的训练项目。

图5–20

2. **坐姿划船**　坐姿划船在一定程度上可以锻炼人体整个背部肌群，同时对训练手臂和背部肌

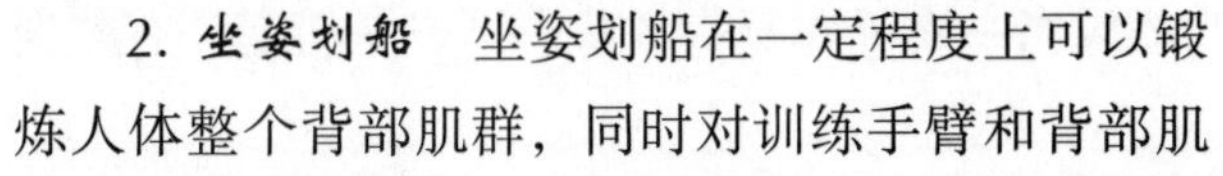

肉起到了辅助作用。在开始锻炼之前，要保证做好准备工作，需坐在拉力器的板凳上面，先握住拉力器的把手，并将脚放在前方位置，确保膝盖处在稍微弯曲的状态，同时身体坐直。坐姿划船需要将拉力器拉向腰部位置，并保证肩膀与手臂之间的垂直，再将拉力器还原，手腕应当保持微微弯曲，并达到膝盖的位置，之后重复以往动作，在肩膀向前拉伸的过程中，手臂应当同时保证伸直（图 5–21）。

3. **引体向上**　引体向上是训练背部的一种简单快捷的方法，其依靠的训练器械极为简单，就是单杠。引体向上可以训练人体的背阔肌和肱二头肌，且对肩胛骨周边的许多小肌群以及小臂肌群都产生了一定的良好效果。使用引体向上这一训练方法，应当结合自身的承载力，并在训练过程中进行适当调节，且保证双手垂直挂于单杠之上，做引体向上的时候，下巴应当尽可能过单杠，且尽量不使用下身弹动的力量上升到单杠之上，而应通过双臂的力量。引体向上可以增加背部的宽度，实现拉伸脊椎，促进脊柱骨增生的效果（图 5–22）。

图5–21

图5–22

4. **坐姿器械下拉** 坐姿器械下拉是锻炼背部中不可缺少的训练内容，其产生的训练效果与引体向上的作用相类似。从初学者的角度考虑，如果力量不够就无法完成引体向上，那么就可以利用坐姿器械下拉代替引体向上。坐姿器械下拉可以锻炼人体的背阔肌以及背部其他的小肌群位置。其动作要领在于需坐在拉背练习机的固定位置上，并将两只手根据握距和握法的要求分别握住上方横杠的两端把柄。再然后，吸气，将头上方位置垂直下拉横杠到颈后和肩平位置，或者是将头上方位置垂直下拉横杠到胸前位置，之后稍微停止调整，再呼吸，将横杠原路返回到头上方。切记，坐姿器械下拉应当保证肩部肌群处在放松的状态，身体应当与地面保持垂直，同时注意运动的节奏和规律，以免造成肌肉损伤（图 5–23）。

5. **俯立杠铃划船** 俯立杠铃划船在一定程度上可以增加背部的厚度，是锻炼背部上部肌肉的有效方式。俯立杠铃划船依靠的是背部的力量，而不是手臂所给予的力量。俯立杠铃划船需要将身体前倾，并将背部位置拱起，保证持续绷紧的状态。其次，保证在身体俯身的姿势下抬起杠铃，通过背部力量拉动杠铃，切记不是通过手臂的力量。最后，缓慢将之前的动作还原，从而避免背部受伤。训练者在抬起杠铃前，应当将膝盖稍微弯曲，且上身前倾，与地面保持 45° 角，且背部应当一直处在挺直的状态下，从而起到有效训练背部肌肉的积极作用（图 5–24）。

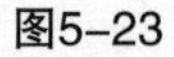

图5–23

图5–24

（三）肩部

肩部是处在背部和肋部到面部和头部之间的身体部分。针对肩部的器械训练，其训练的内容主要针对于三角肌的前束、中束以及后束位置。

1. **杠铃颈前推举** 杠铃颈前推举，是一种最为基本且效果较好的训练动作，对打造肩部肌肉的围度和宽度具有较为良好的效果。进行杠铃颈前推举时，肩部肌肉可独立承担起身体稳定的责任，进而产生良好的肩部训练效果。其动作要领在于：保证自然站立，也可以保持坐姿，将两手紧握在横杠上面，握住的距离应当比肩稍微宽 2~5 厘米，将杠铃提高至肩上，且掌心需朝上，将杠铃贴在脸上并向上抬举至两臂可以伸直到头顶上方，之后，在根据原路返回到肩上。需要注意的是，动作一旦开始，需要保证除手臂之外，其他身体部位都是固定的姿势，进行上推时，上体不可向后仰，或者憋气，最为恰当的方法就是在腰围上面束举重的护腰带。运动过程中应当保证手腕用力，防止手腕出现前后摆动的情况（图 5–25）。

图5–25

2. **拉力器侧平举**　拉力器侧平举是针对三角肌中部的运动训练方式，可以有效锻炼人体的三角肌部位，这种训练方法往往会将其放置在三角肌训练的最后一个环节，通过适当的重量，确保锻炼动作的准确度，从而塑造更为完美的三角肌线条。其动作要领在于：保持自然站立，将单手柄把柄下垂到体前，同时保证两肘部位置稍微弯曲，拳眼应向前。其次，握住把手，将钢缆向后拉起，另一只手则扶住实体器械，以便保证身体平衡。一部分人会选择从身前拉起，这种方式往往存在一定的积极作用，会起到意想不到的效果。慢慢将其拉起直到手臂与地面之间呈现出平衡状态，其手肘和手掌应当处在同一个高度水平。在整个训练过程中，手心均是朝下的。最后，在高点位置时，应当稍微停留一秒，并将其缓慢放在最初的起始位置（图 5–26）。另外，拉力器侧举可以模仿哑铃侧平举，其力量的集中点应当确保三角肌的收缩用力，而不是通过手臂和肩部的外旋来实现上举的目的。

3. **俯卧侧平举**　俯卧侧平举，又可称为俯卧飞鸟，是一种综合性的锻炼动作，对三角肌、斜方肌以及肱三头肌都起到了塑形的良好作用，特别是针对三角肌的后束来说。俯卧侧平举的特点在于具有较为稳定的固定环节（也就是指通过腰腹和背完全不用再发力来实现紧绷效果并稳定身体躯干），对后肩等锻炼环节具有较大程度的独立性，对三角肌的其他两束产生的借力较小，为此，这一动作可以说成是针对三角肌后束的独立性动作，尤其适合中级以上的训练者。其动作要领为：面部朝下，躺在一个较高的平凳上面，双手握住哑铃，掌心保持相对，手臂向下垂直，且手臂保持伸直，但是不要将手肘完全锁定。其次，利用哑铃划出一个半圆的动作，并将两侧抬高至肩膀相同的高度，最高点的位置可以与耳朵保持在同一个水平线上。最后，缓慢下降至开始的最初状态，向上抬手臂时应当吸气，而放松还原的过程应当呼气。在运动过程中，应当保持胸部贴近凳子，从而避免借力，确保三角肌后束肌力的提高。俯卧飞鸟的动作主要是依靠哑铃振臂，而不是利用臂力拉动哑铃，后者产生的作用往往是针对背部训练而言的（图 5–27）。

图5–26

图5–27

（四）腹部

腹部是人体大部分消化道系统的存在，对人体具有消化吸收的重要意义。腹部涉及了大部分的人体器官，因此对人体健康发展具有十分重要的影响。针对腹部的器械训练，旨在从腹外斜肌和腹直肌这两个方面予以考虑。

1. **双杠抬腿** 双杠抬腿是针对腹直肌下部所进行的训练动作，在一定程度上有助于确保腹部力量的进一步提高，同时也有利于加深腹部肌肉线条的分离程度，促使腹部肌肉更加完美有形。不过，前提需要注意的是，此项训练动作需要在对自身腹肌充分信心的前提下开展，而且这个动作具有更高的要求，且产生了较深的刺激。其动作要领在于：双手需握住双杠并支撑着身体，其脚尖应当保持在绷直的状态下，双腿需并拢，从而确保身体呈现出一条直线垂直于地面的形式，眼睛应当保持平视，不能通过斜方肌肉参与训练运动，呼气时应当保证腹部收紧，双腿向身体前方位置抬起，双膝和脚踝不可出现弯曲的情况，要始终保证伸直的状态，且注意双腿不要太过用力，主要保证肌肉收紧就可以了。每当双腿与地面平行时，需保留 1~2 秒，从而感觉到身体腹部得以收紧，之后将双腿缓慢下落，并还原到初始状态下，双腿应当保持并拢，且不可分开。需要注意的是，此项训练动作难度较高，所以需要更好的综合素质予以辅助。动作开展过程中不可将身体任意摆动，以免影响最终的训练效果。高难度的动作需要重视呼吸的作用，采取适当的呼吸方式以保证训练动作的稳定进行（图 5-28）。

2. **负重体旋转** 负重体旋转是训练人体腹外斜肌的一种有效方法，健身房中经常会具备与之相适应的器械，从而保证可以做出适当的旋转动作，操作起来较为简便。其动作要领在于：保证站立姿势，双手需扶住杠铃，并保持身体处在平衡的状态下，通过侧腰的方式将身体进行左右转动，其转动幅度应当保持在45°，且在动作最末端的时候需进行制动。其次，运动过程中，应当保持身体的自然呼吸，切不可出现憋气的情况。进行负重体旋转的训练运动时，注意保证训练的强度及其产生的有效性，只有做到一定量的次数，才能对人体产生作用。另外，经过人体自我控制的旋转运动，需保证身体不会出现扭伤的情况。健身房往往会存在与之相类似的运动器械，为此，就需要精准寻找，从而开展有效运动（图5-29）。

图5-28

图5-29

（五）臀部

臀部是腰和腿的结合部分，其骨架是由两个髋骨和骶骨组合而成的骨盆，并在外围附上肥厚且宽大的臀大肌、臀中肌、臀小肌以及与之相对且体积较小的梨状肌。臀部的形态向后倾斜，且上缘为髂嵴，下界则为臀沟。关于臀部的器械训练，主要涉及臀大肌、臀中肌以及髋外展肌这三个方面。

1. **站姿直腿上摆**　站姿直腿上摆，又可称为反式腿举，其运动状态在于背对腿举机呈站立姿势，并做出驴踢腿的动作，还可以通过拉力器进行动作训练，从而锻炼腿部肌群位置。其动作要领在于：面向拉力线呈站立姿势，人体脚踝位置系缚上拉力器负重，脚后跟处则为力量点。其次，练习腿稍微悬空受力，需保证全腿呈现出伸直状态，臀大肌则用力向后抬腿，直到达到人体最大限度为止，然后将臀部彻底收紧，之后在逐步后退直至还原。不过，在动作开展过程中，禁止出现前俯后仰等多余动作，针对拉力类的动作受到目标肌群和受力部位彼此相隔太远这一环境的影响，加之二者跨关节，则需要将此项运动的负重做到恰到好处，主要强度应当以中小程度为主，从而避免操之过急而引发受伤现象（图5–30）。

图5–30

2. **坐姿髋外展**　坐姿髋外展是和坐姿夹腿相对应的一项训练动作，但是，二者所针对的训练目标却是不同的，比如健身房这种地方往往会出现二者可以同时使用的动作一体机。坐姿髋外展主要针对臀中肌、臀小肌等臀部的训练。其动作要领在于：在腿外展训练机上就座等待，并将脚放置在踏板上面，通过调整大腿挡板的位置，从而促使其紧靠于大腿外侧位置。其次，将双腿用力向外展开，持续时间则为1~2秒，之后将双腿在重量拉动的情况下自然收紧，一旦收紧则不可出现停顿，立刻开始向外开展双腿，并进行再次运动。在运动过程中，应当将注意力集中于目标肌群上面，从而实现最终的训练目标。坐姿髋外展和夹腿属于彼此相对应的训练动作，二者针对着不同的目标部位，可以通过锻炼一体机进行分别锻炼，但是需要考虑二者之间的差异（图5–31）。

3. **仰卧顶臀**　仰卧顶臀是一种综合性价较强的锻炼方式，其可以锻炼臀部肌群、腹肌等部位，其主要在于锻炼臀大肌。不过，仰卧顶臀由于动作幅度较大，则会对臀大肌产生较深的刺激影响。其动作要领在于：首先，需准备仰卧姿势，确保上背紧靠箱子或者长凳，并呈屈膝状态，双脚需着地，腹部可以承担起杠铃以此来负重。其次，呼气，保证腹部肌肉处在收缩的状态之下，收缩住臀大肌部位，并向上挺起臀部位置，保证其臀部位置尽可能地抬高，并停留时间为1~2秒。之后，慢慢将动作还原，进行循环重复。针对初学者来说，应当尽可能地不进行负重，最恰当的就是通过自身体重进行锻炼。身体所依靠的长凳和箱子应当保证其安全性和可靠性，从而避免出现受伤意外（图5–32）。

图5–31

图5–32

（六）腿部

腿部运动可以确保双腿充满活力，并增加腿部的柔韧性和灵活性，逐步恢复腿部肌肉的弹性。针对腿部的动作锻炼主要包括股二头肌、股四头肌、小腿三头肌以及大腿内收肌这四个部位。

1. **俯卧腿弯举**　俯卧腿弯举也可称为腿弯曲，有助于提高股二头肌的锻炼效果。其初始动作需俯卧在一条腿弯举器上面，将膝盖调整到恰好超过了俯卧板的末端位置，调整阻力滚垫，以便促使脚踝后面可以正好卡在滚垫下面，并握住手柄进行深吸气。其动作过程则为：保证身体躯干呈平直状态，通过收缩股二头肌来促使滚垫可以朝着臀部进行运动，一旦该动作达到中点位置时，则开始进行呼气，当达到该动作的顶端时，需尽可能地挤压股二头肌，并缓慢还原至最开始的初始位置。运动过程中切记不可依靠惯性，且小腿不应超过垂直地面，在还原过程中股二头肌应当用力，保证紧张的状态（图5–33）。

2. **杠铃深蹲**　杠铃深蹲是锻炼股四头肌的经典动作，则属于自由深蹲的范畴之内。杠铃深蹲具体包括颈后杠铃深蹲、颈前杠铃深蹲以及支撑杠铃深蹲，等等。其中，颈后杠铃深蹲具备更高的安全性，且负重较高。进行杠铃深蹲时，需保证抬头挺胸，背部挺直，将横杠放置在隆起的斜方肌和三角肌上，其间可以垫上海绵或者毛巾等缓冲物质，两个手臂需侧抬双手握住横杠，以便保证横杠的稳定性，两脚之间的距离应当与肩部同宽，且两脚呈30°~45° 角的自然站位，脚跟下面应当垫上厚度约为3厘米的杠铃片。之后，需做好下蹲姿势，并在深吸气的同时缓慢屈膝控制下蹲，下蹲过程中膝关节的方向应当与脚尖的位置方向同步，直至蹲到大腿与地面平行或者略低于膝盖。最后，保持静止状态，持续时间为1~2秒，之后再蹲起。蹲起过程中应当要保证腿部发力，并保证杠铃重心稳定（图5–34）。

3. **小腿顶推**　小腿顶推的主要作用在于美化小腿肌群，实现小腿完美曲线。这一动作在顶推过程中需保证大腿不动的情况下进行，动作的开展主要是通过小腿三头肌的收缩，促使前脚掌向上或者向前顶推踏板来完成的。小腿顶推一般涉及仰卧、斜握以及水平等形式，大都是通过健身房的推举器械来实现的。其动作要领为：呈仰卧或者斜卧的

图5-33

图5-34

姿势在推举等下面，双脚需蹬住负重板，双膝呈伸直状态，其次，前脚掌需向上顶举，相当于倒立的提锺，呼吸需保持自然，做一次动作呼吸一次。前脚掌向上顶举应当保证充分，至最高点位置应当停留 2 秒左右（图 5-35）。

4. **站姿腿内侧拉引** 站姿腿内侧拉引往往需要借助拉力器予以实现，旨在锻炼大腿内收肌群。其动作要领则为：首先，踝部系缚上拉力器负重，异侧用手扶住固定物侧向受力点方向呈站立姿势，支撑腿部用力并用脚抓住地面，从而保证身体的稳定平衡。其次，大腿内收肌群发力向内侧拉动拉力器，直至练习腿部与支撑腿部之间的相互接触，或者略微过一些角度，停留1秒，体察出收肌群的顶峰收缩情况，最终退至初期开始状态。针对女性来说，如果力量不足，则可以不受力进行训练。动作过程中需要保证身体直立，且挺胸收腹，并保证目标肌群处在伸直的状态之下，从而避免身体出现左右倾斜。练习过程中应当将注意力集中于大腿内收肌群上面（图5-36）。

图5-35

图5-36

（七）髋部

髋部是人体躯干和腿部相连接的位置，属于腹股沟部位，髋部在一定程度上可确保躯干和腿部得以顺利向前、向后以及向侧面等位置自由自主运动，是人体不可缺少的组成部分。髋部由于是一系列机体运动的中心，所以很容易出现劳损的情况，为此，需要通过锻炼不断强化髋部能力，避免人体出现髋部损伤的严重现象。另外，为确保人体髋部关节变得更加灵活，则可以通过一系列的锻炼方法予以实现。以健身房的运动器械为辅助，以便提高人体髋部锻炼的良好效果。

1. **卧姿髋外展** 卧姿髋外展又可称为卧姿直腿侧平举，其简单方便，在家就可以实现。其动作要领在于：首先，需侧卧在垫子上面，并将身体如同一面墙一样，将手垫在自己的头下，从而确保身体处于平衡的稳定状态。其次，在身体保持不动的情况下，将位于上方的一条腿打开，腿部应当尽可能地向上打开，并直至身体的最大幅度，之后再稍作休息，两条腿分开之时应当缓慢呼气，在还原过程中进行吸气运动，其动作过程应当保证速度缓慢，从而保证髋部得到良好效果（图5-37）。同时，针对卧姿髋外展这一锻炼方式来说，可以通过弹力绳、哑铃等锻炼器械来增加外展的负荷力。

2. **蹬车活动** 健身房中经常会安装类似于骑自行车形式的锻炼器械，这种器械是按照自行车的灵感研发出来的，锻炼者需自行坐在这种特制的自行车运动器械上面，就好像蹬自行车的样子，刚开始的速度可以较为缓慢，但是经过一段时间的练习，则可以逐步增加蹬车速度，这种锻炼方式在一定程度上有助于提高人体髋部的灵活程度，增强髋部关节的承受能力，避免出现髋部损伤的情况（图5-38）。

图5-37

图5-38

3. **壶铃训练** 壶铃属于健身器械的一种，一般是由铁铸成，以重量划分包括10kg、15kg、20kg、25kg以及30kg等不同规格。在利用壶铃进行训练时，其中一个重要的动作就是抓举，同时此项动作也是难度最高的一个。壶铃抓举需要锻炼者有良好的力量掌握和技术支撑，对实现全身力量爆发、髋部驱动力提高、肌肉耐力增强以及握力、心肺力等方面都产生了极为重要的意义，属于综合性较强的锻炼方式。壶铃抓举不仅会对上身产生积极作用，同时对下身也具有较强的冲击力。可以说，做好壶铃训练，对人体各个部位都会产生十分重要的影响。进行壶铃训练需要对壶铃的摆动有一个全面的掌握，可以通过髋关节铰链模式和髋部爆发力进行驱动。另外，在运动过程中壶铃向上运动时需要将其锁定于过顶的位置，进而才能真正做好壶铃的运动训练。壶铃开始应当进行同单臂壶铃翻转，并注意保证动作的流畅性，之后将其抓举至过顶状态，并在顶端位置锁定手肘，在整个运动过程中需将双脚时刻牢牢抓住地面，其下放过程中，肩部位置应当与身体紧密联系，且保持整体的一致性。位置的锁定应当将膝盖和髋部呈完全伸直的状态，直至壶铃落下至最顶点位置且不可出现弯曲，否则就会对良好的锻炼效果产生不利影响。壶铃锻炼的整个过程需保证生物力学式的呼吸规律，也就是在髋部位置锁定时进行呼气。

小结

1. 服装模特的形体训练内容主要包括准备训练、热身组合训练、地面训练、把杆训练、器械训练。

2. 模特做训练前的准备活动时，要穿着棉质、有弹性的紧身且柔软的训练服，便于脚部弯曲活动的软底鞋；女模特要束发，男模要头发整齐；不要佩戴任何饰物，以免受伤；练习的过程中要掌握动作的方法以及要领；动作结束后要作适度的放松。练习的过程要循序渐进，练习的过程中可以适当地补充水分；合理膳食。

3. 模特训练的准备活动主要包括：头、颈、肩、胸、腰、胯、腿、踝等部位的活动练习。

思考题

1. 模特形体训练的目的是什么？
2. 地面训练包括哪些内容？
3. 把杆训练包括哪些内容？
4. 器械训练主要包括哪些内容？

应用理论与训练

服装表演基础训练

课题名称： 服装表演基础训练

课题内容： 站立姿态训练

表演步伐训练

定位训练

转身训练

上下场的训练

面部表情的训练

节奏感的训练

服装表演基础综合训练

课题时间： 32课时

教学目的： 通过训练，调整模特形体，提高其肢体表现力、动作协调性和整体的造型美感，并使其能够运用不同的面部表情贯穿在服装表演过程中，对音乐节奏感有正确的把握。引导学生熟悉服装表演基础训练的规律，提高舞台表演能力。

教学方式： 讲授、训练

教学要求： 1. 掌握各种站立姿态的动作要领及训练方法。

2. 熟练掌握基本表演步伐及服装表演中的特殊步态。

3. 掌握定位时的亮相和造型，注重头、手、脚、躯干等部位的表现方法和动作变化。

4. 掌握不同的转身方法及有意识地变换不同的面部表情并运用到服装表演过程中。

5. 了解不同的音乐风格，掌握不同节奏的台步走法，明确整个表演流程。

课前准备： 形体衣、形体裤、软底鞋、高跟鞋。制订训练计划。查阅相关书籍，观看视频。

第六章 服装表演基础训练

服装表演基础训练如同其他表演艺术所具有的基本功训练一样，需要模特掌握要领并按照规范动作反复练习，由生疏到熟练，由简单到复杂，最终能用娴熟的展示技巧来充分地展示服装。服装表演基础训练包括：站立姿态、表演步伐、定位、转身、上下场、面部表情、节奏感训练等多方面的内容。

一、站立姿态训练

作为服装模特，基本条件中的首要条件是身高，这也是模特区别于普通人的关键点。但对于一名服装模特来说，具有一定高度的同时，还要具备挺拔的身姿，这种优美的姿态除先天的因素外，更主要的是通过后天训练达到的，因此，在服装表演基础训练中，改变和强化模特的站立姿态尤为重要。

（一）站立姿态训练的目的

（1）纠正模特不良体态，改善形体。

（2）使模特姿态挺拔，为基础训练打下良好基础。

（3）良好的站立姿态使模特穿着服装的效果更为完美。

（二）基本站立姿态的动作要领

基本站立姿态是：头部向上挺，面部向正前方，双眼平视；双肩打开平放，两手放在身体两侧自然下垂；挺胸收腹，提气；提臀夹紧；腿部收紧，双腿并拢，膝盖绷紧，脚部向下用力，脚尖朝前。

女模特与男模特站姿中控制点的不同在于：女模特在挺胸时，双肩要打开并向后下方沉，感觉两个肩胛骨在用力。而男模特虽然也要挺胸，但肩部放松摆平即可，不要特意地向后方用力。另外，手的动作也有不同，女模特站立时五指自然打开，大拇指略向中指靠拢，食指伸长，手型就像平时握着一支笔的形状，笔基本上是竖立着握的样子；男模特站立时手部呈松拳状，即虎口朝前，大拇指稍稍贴近食指，其他四指握着空拳，手的动作则是把笔横过来握着的感觉（图 6-1）。

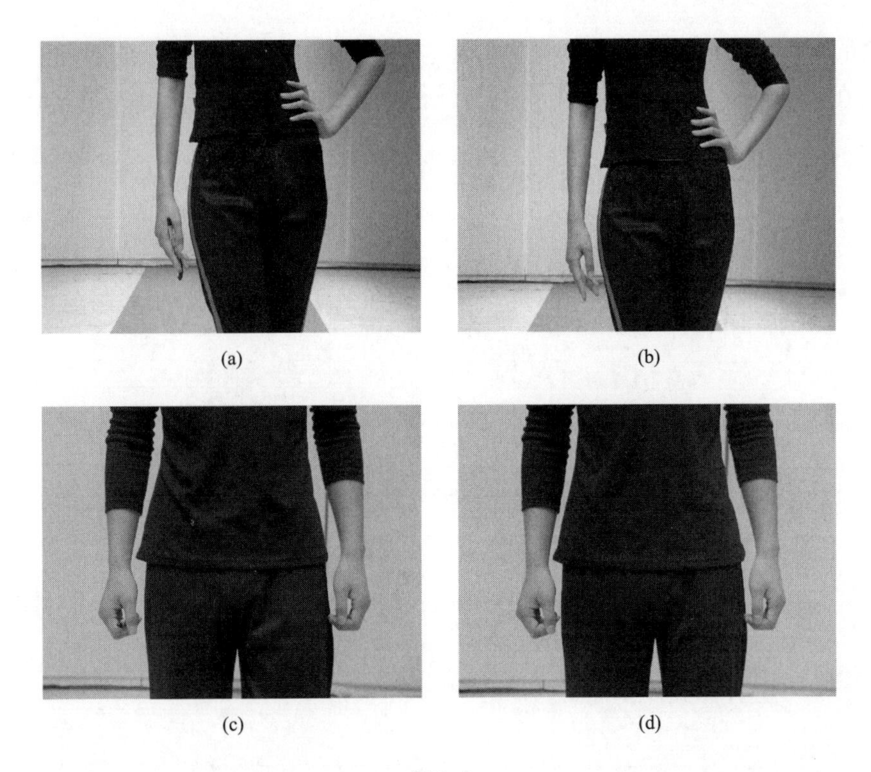

(a)　(b)

(c)　(d)

图6-1

（三）站立姿态的分类

站立姿态包括基本站立、小八字站立、分腿站立。三种站姿的不同之处在于脚与腿的形态位置不同。基本站立也叫正步站立，即双腿并拢，脚尖朝前方呈正步位，这种站姿比较正式（图 6-2）。其他两种站立姿态是在基本站立姿态的基础上改变脚的位置。小八字站立姿态脚尖呈小八字形，两脚分开角度约为 45° 角。当脚位为小八字时，两个小腿自然而然地更为贴近，对于改善小腿外翻的不良腿型很有效果（图 6-3）。分腿站立常常是男模特的站立姿态，两腿打开与肩同宽或不超过肩宽，脚尖稍稍打开呈大八字形，重心在两腿之间（图 6-4）。从心理学角度分析，两腿分立是在传达某种权势、支配的信息，属于典型的男性体势语言。男女模特的站立规则，女模特以闭合式的基本站立、小八字站立为主，男模特以开放式的分腿站立为主。

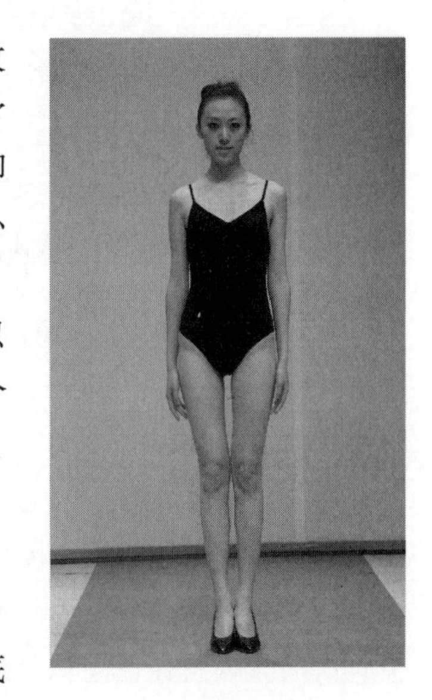

图6-2

（四）站立姿态的训练

1. *初级训练法*　初学者可以选择靠近墙壁站立的方法，以墙面为直立的标准。没有穿过高跟鞋的女模特，可着软底鞋（图6-5）来训练。在掌握了基本站立的要领后，可适当增加站立的难度，即抬起脚后跟，以脚掌着地（图6-6），其他动作要领不变。采用此方法的目的在于训练模特的脚掌力度，并使整个人在站立的过程中，始终是重心向上，提气的状态。站立时间至少要10~20分钟。

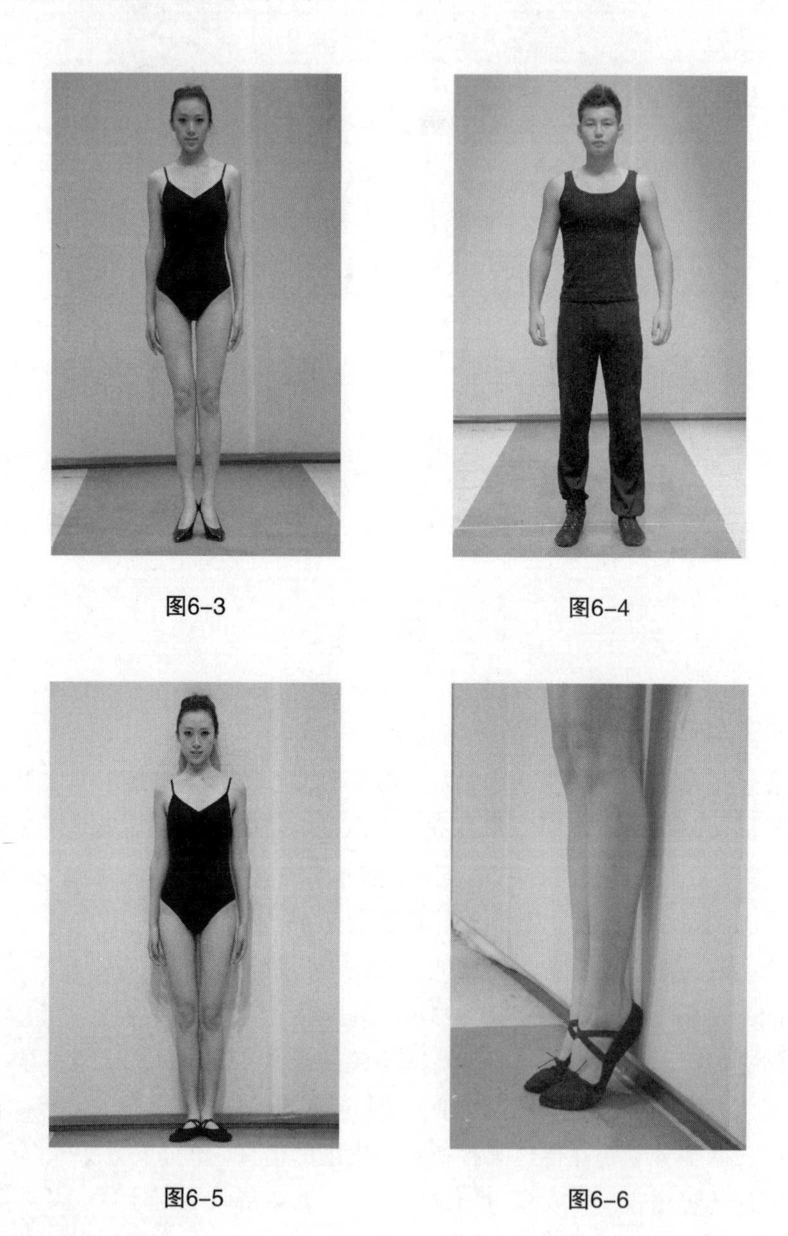

图6-3

图6-4

图6-5

图6-6

2. **高级训练法**　高级训练方法的具体要求:一是，女模特要穿着跟高在10厘米以上的高跟鞋来练习站立姿态；二是，站立时间在30分钟到1小时，但由于受授课时间的限制，所以站立时间可以根据上课的时间来安排，以便不影响上课时其他内容的进行；三是，站立时不仅要考虑姿态的标准，还要对于模特的表情训练做出适当要求，因为在进行站立训练时，模特往往会觉得此部分的练习既耗时又辛苦，不免会出现厌倦情绪，那么可以在表情上作强调，要求模特尽量做到嘴角放松上提，眼睛平视向远处看，其他动作要领不变（图6–7）。

3. **矫正训练法**　模特若存在塌腰、含胸、一肩高一肩低等不良姿态，可以通过矫正训练方法进行调整。矫正训练要因人而异，因材施教。例如，有些模特腿部线条不是很完美，两腿之间间隙过大，怎样用力也夹不紧，可以用宽的带子把腿部适当缠绕，借助外力帮助两条腿尽量夹紧（图6–8）。还有的模特正常站立时，腿部后侧自然成一条弧线，如果按基本站立的要求完成站立，腿部会更显弯曲，所以，这种腿型的模特就要要求她适度放松，让腿部不要完全贴紧墙面（图6–9）。

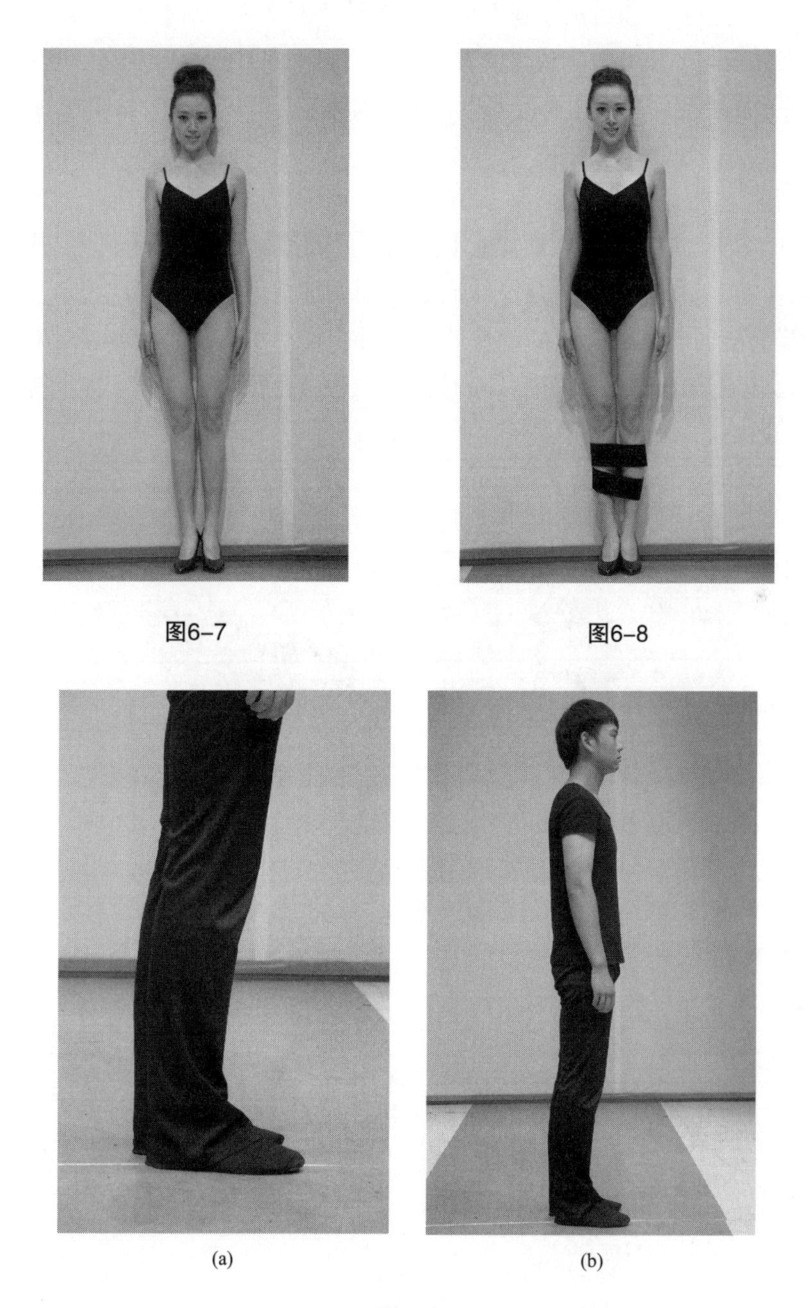

图6–7

图6–8

(a)

(b)

图6–9

二、表演步伐训练

从站立姿态到表演步伐，主要是对脚下的要求有变化。在舞台上，模特的步伐其实就是把生活中的行走方式进行夸张展现。模特的表演步伐分为“一字步”“交叉步”“平行步”等。“一字步”是模特表演步伐中最基本的走法，也称“猫步”。当模特的双脚沿着一条直线行走时，身体会自然地形成一种协调美、韵律美，再配合提胯、摆臂、转身等系列动作，就形成了完美的肢体展现。女模特的表演步伐以“一字步”“交叉步”为主，男模特的步伐变化没有女模特那么多，基本上以“平行步”为主。随着表演风格的变化，模特的步伐也会发生变化。但千变万化不离其宗，最重要的是模特要抓住自己的风格特点，再根据流行趋势，从基础练起，形成具有个性美感的表演步伐。

在模特台步基础训练中，初学者要准备必要的用品。首先，模特要准备一双软底鞋和一双至少高度为 10 厘米的高跟鞋。高跟鞋的鞋底不要太厚，鞋跟不宜太粗（图 6–10）。在掌握一定的基本功后，方可穿着其他不同款式的高跟鞋（图 6–11）。其次，尽量穿紧身的形体衣，以免训练时看不清楚身体局部的动作细节。再次，训练场所要配有一面大镜子，以便模特随时看清楚自己的走台效果（图 6–12）。当然，这都是针对基础训练所提出的要求，随着表演技巧的提高可随时调整，适当变化服装和鞋，方能更好地塑造不同形象和不同风格。

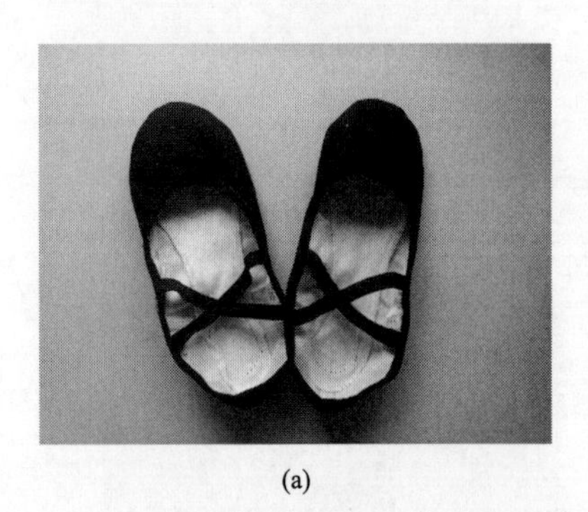

(a)

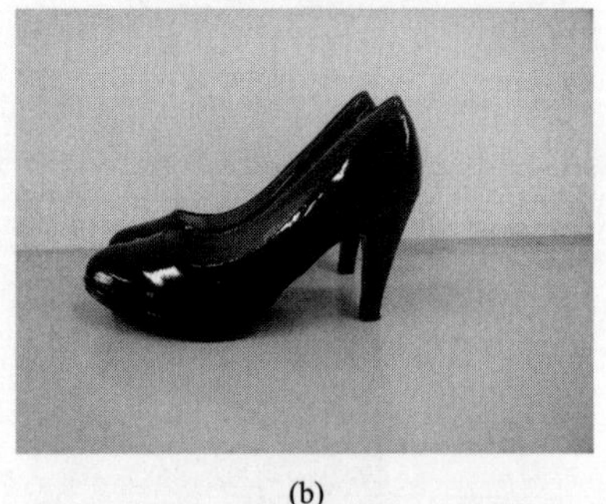

(b)

图6–10

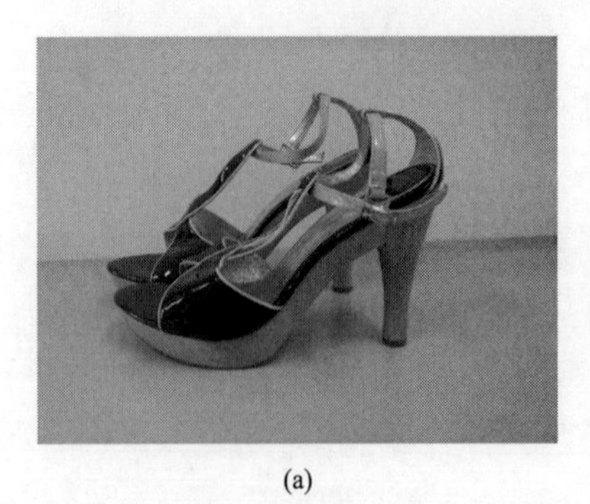

(a)

(b)

图6–11

图6-12

（一）表演步伐的辅助动作练习

在练习表演步伐之前，还应掌握其辅助动作的要领，这些辅助动作是模特在行走时，除了脚下，身体其他部位的细节动作。表演步伐的辅助动作包括胯部的练习和手臂的摆动练习。

1. **胯部的练习**　胯部动作的训练在表演基础训练中起着至关重要的作用，模特前行时，靠胯部的灵活动作才能更加体现女性的身姿美，使身体更富于动感。按照胯部运动的方位不同，把胯部练习分为提胯、顶胯、摆胯、绕胯四部分。四种胯部训练方式都是以基本站立或分腿站立姿态、双手叉腰做准备。

（1）提胯：以左腿为重心腿，抬起右脚后跟，同时右胯向上方提起、放下；反方向以右腿为重心腿，抬起左脚后跟，同时左胯向上方提起、放下，左右交替反复练习（图6-13）。

（2）顶胯：左腿伸直，屈右膝，同时向身体正前方顶右胯；右腿伸直，屈左膝，同时向身体正前方顶左胯，左右交替反复练习（图6-14）。顶胯的动作幅度较小，看起来不是很明显，但如果用手抵住自己的胯部，就能够感受得到。

（3）摆胯：左腿伸直，屈右膝，同时向身体正左方摆胯；右腿伸直，屈左膝，同时向身体正右方摆胯，左右交替反复练习（图6-15）。

（4）绕胯：左腿伸直，微抬右脚后跟，提右胯，然后向身体正前方顶出右胯，再向正右方摆胯经后方绕回到提胯、放下；反方向同理，左右交替反复练习（图6-16）。绕胯是把前三种胯部动作结合，比其他动作要复杂。

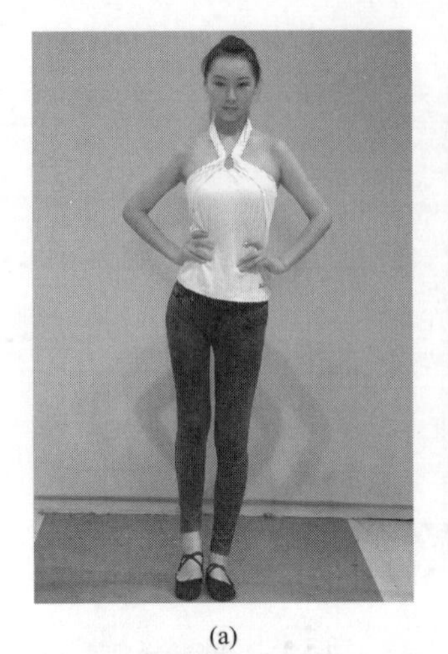

(a)

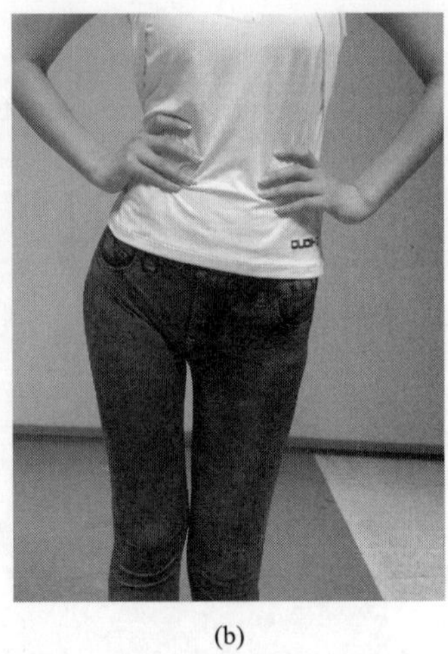

(b)

图6–13

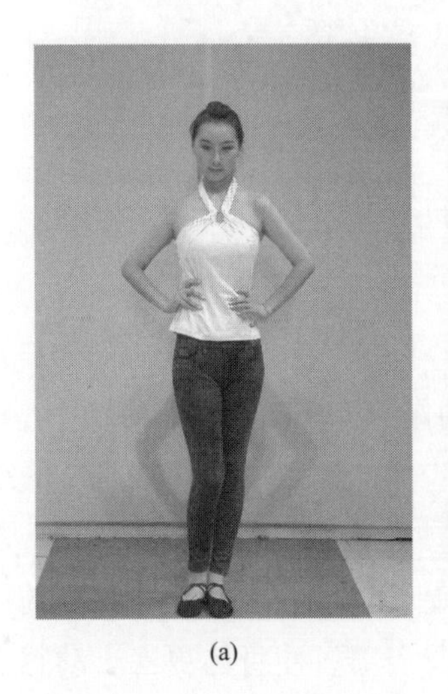

(a)

(b)

图6–14

(a)

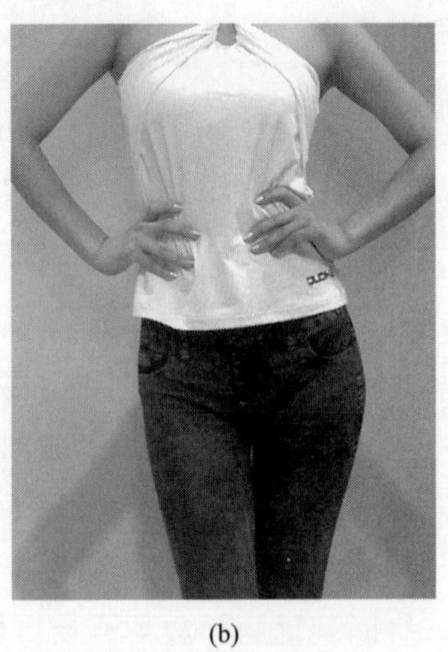

(b)

图6–15

(a)

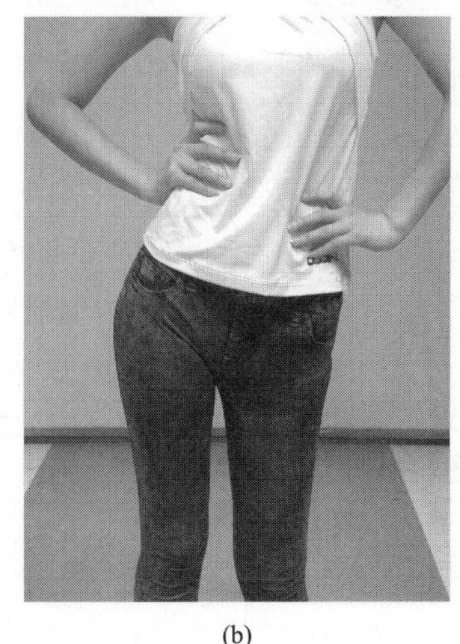

(b)

图6–16

2. **手臂的摆动练习**　手臂的练习方式较为简单，只需练习手臂如何摆动，但手臂摆动是否到位、协调、美观，却能给整个表演带来不同的视觉效果，可以说，手臂是极具表现力的部位。准备姿势为基本站立姿态，双手臂在身体两侧自然弯曲。具体分为以下几种摆臂方法。

（1）大臂（上臂）带动小臂（前臂）：肩膀保持不动，由大臂带动小臂并带动手腕带动手在身体的前后摆动（手的动作与站立姿态中的手的动作一致，所以此部分不作强调），手臂在身体前后摆动的幅度基本相等或前摆大于后摆。需要强调的是，在服装表演中，手部虽然具有一定的表现力，但不能像在舞蹈中的那么丰富，手腕也不能过于灵活，此时手臂的摆动是手随着手腕的方向动，手腕随着小臂动，手腕不能脱离臂部而随意摆动；另外，手是擦着身体侧面的裤缝摆动的，摆动时大臂与身体侧面的夹角约为30°（图6–17）。大臂与小臂之间的角度约为160°（图6–18）。

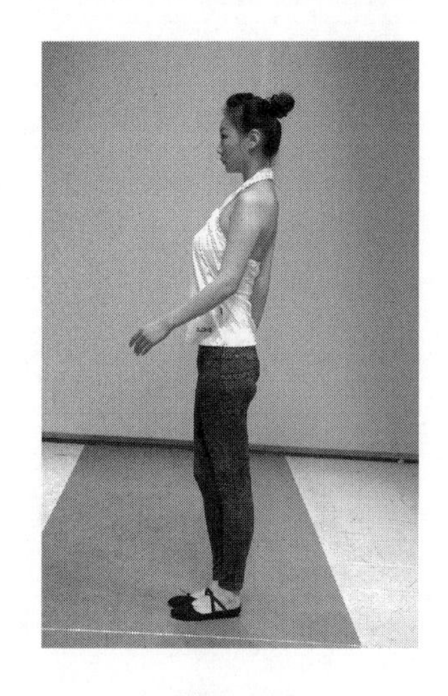

图6–17

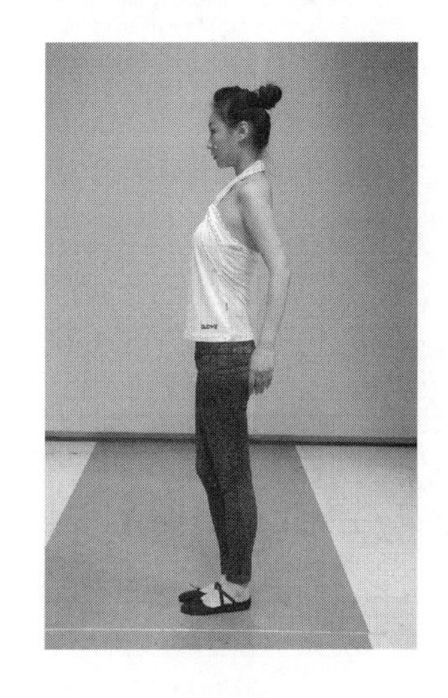

图6–18

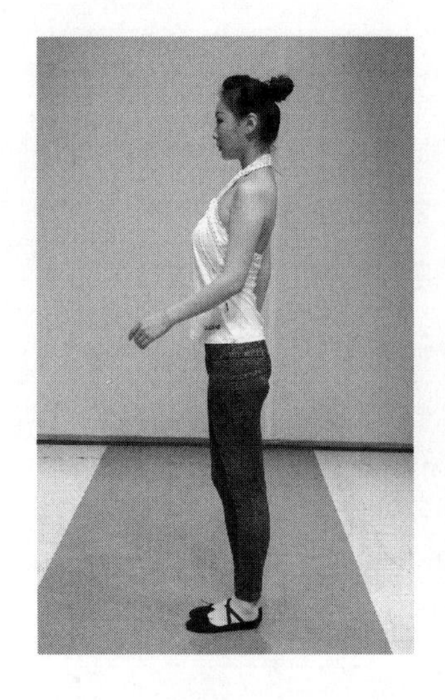

图6–19

（2）只摆小臂：只摆动小臂是近几年流行的摆臂方式，肩膀展开，大臂贴近身体两侧，整个手臂垂在身体的后方，肩膀和大臂动作幅度较小，以肘关节带动小臂，主要以小臂摆动为主（图 6–19）。

（3）内、外侧摆臂：这种摆臂方法是改变手臂前后摆动的走向，内侧摆臂是向身体斜前内侧摆臂，两手臂呈“内八字”形（图 6–20）；外侧摆臂是向身体斜前外侧摆臂，两手臂呈“外八字”形（图 6–21）。

（4）不摆臂：双肩展开，把手臂垂在身体两侧，并向身体后侧用力，手臂随着脚下的步伐，不摆动，只是放在身体旁，此时对于步伐和神态要有一定的要求。在概念类服装的展示中，或是服装设计师有一定要求时可以运用此种方法。例如在中国国际时装周 2009 春夏鄂尔多斯发布会中，第一个出场的模特就采用了不摆臂的方法，模特顺着所穿着的服装把手臂垂在身体两侧。不摆臂的训练没有动作上的要求，但对肩部、手臂的姿态有一定的要求，不能过于松弛，也不能太僵硬（图 6–22）。

在掌握了胯部和手臂的练习动作之后，可把胯部和手臂动作结合起来训练，再配合音乐有节奏地进行。例如，摆胯时可以加上摆臂（图 6–23）。表演步伐的辅助动作练习中，胯部训练主要是针对女模特来说的，练习胯关节的灵活性对于提高表演步伐的协调性有辅助作用。还需要强调的是，在做胯部练习时，要注意身体的用力点和协调性。手臂要根据服装的风格和衣袖的特点有选择地摆动。

图6–20

图6–21

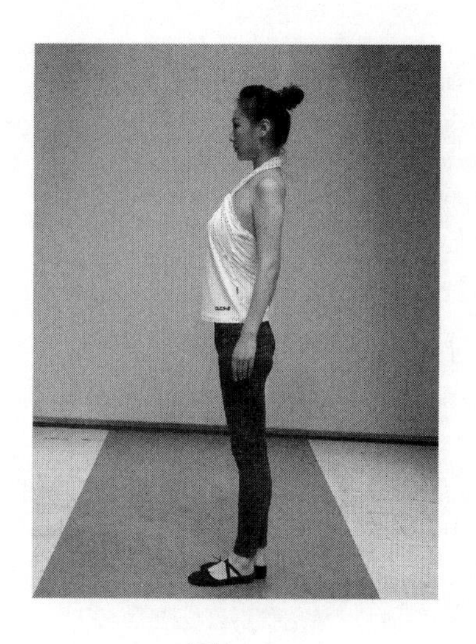
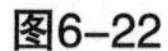
图6–22

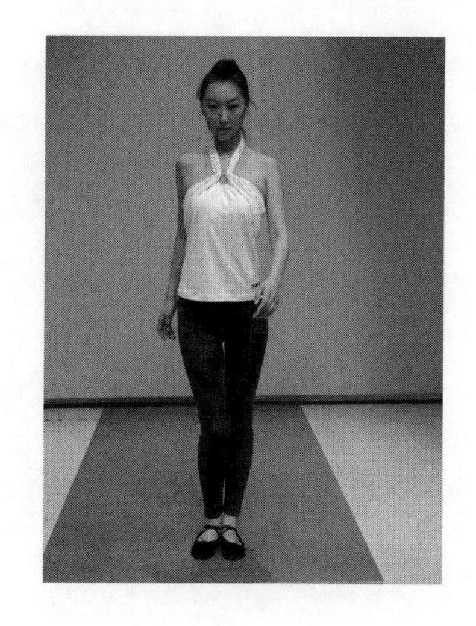
图6–23

（二）基本表演步伐的动作要领

1. **初级训练法**　模特刚开始练习步伐时，不要急于穿着高跟鞋盲目地走“一字步”，而是要从穿软底鞋开始进行辅助练习。具体训练方法是：双手叉腰，以一条腿为重心腿，另一条腿向前迈步，注意首先提驱动腿的胯部，带动大腿，提膝，再带动小腿，脚尖向前用力，绷脚；脚落地同时，顶驱动腿的胯部，摆胯，脚落地踩实后，迈另一条腿。此时的训练主要是引导模特按照标准的姿势和动作取代在生活中形成的习惯走法，区别模特步伐与平常走路的概念，并重新掌握平衡的规律，为穿上高跟鞋后走台步打下基础（图6–24）。

2. **高级训练法**　高级训练法即女模特穿高跟鞋进行“一字步”“交叉步”练习和男模特“平行步”的练习。

（1）“一字步”练习：走“一字步”的练习，动作要领同初级训练法，还应注意的是两脚跟踩在一条直线上，脚尖稍稍向外打开。除了掌握脚下动作外，还要注意身体其他部位的配合，头立住，双眼平视，双肩保持平稳，两手臂在身体两侧自然摆动，面带微笑。

由于生活中已养成了行走的习惯，所以初学的模特穿上高跟鞋后一般会出现如下问题：

① 双脚尖呈“内八字”状或两脚不在一条线上。

② 膝盖伸不直，像跪着一样。

③ 肢体过于僵硬或松弛，表现为不会摆臂和动胯，或者是随意摆臂。

④ 重心不稳，走路时身体摆动大。

⑤ 面部没有表情。

完美的服装表演步态看起来应是挺而不僵、柔而不懈。改变以上习惯要靠在大镜子前面反复练习，用心体会动作的感觉和要领（图6–25），之后在舞台上才能自如展现（图6–26）。

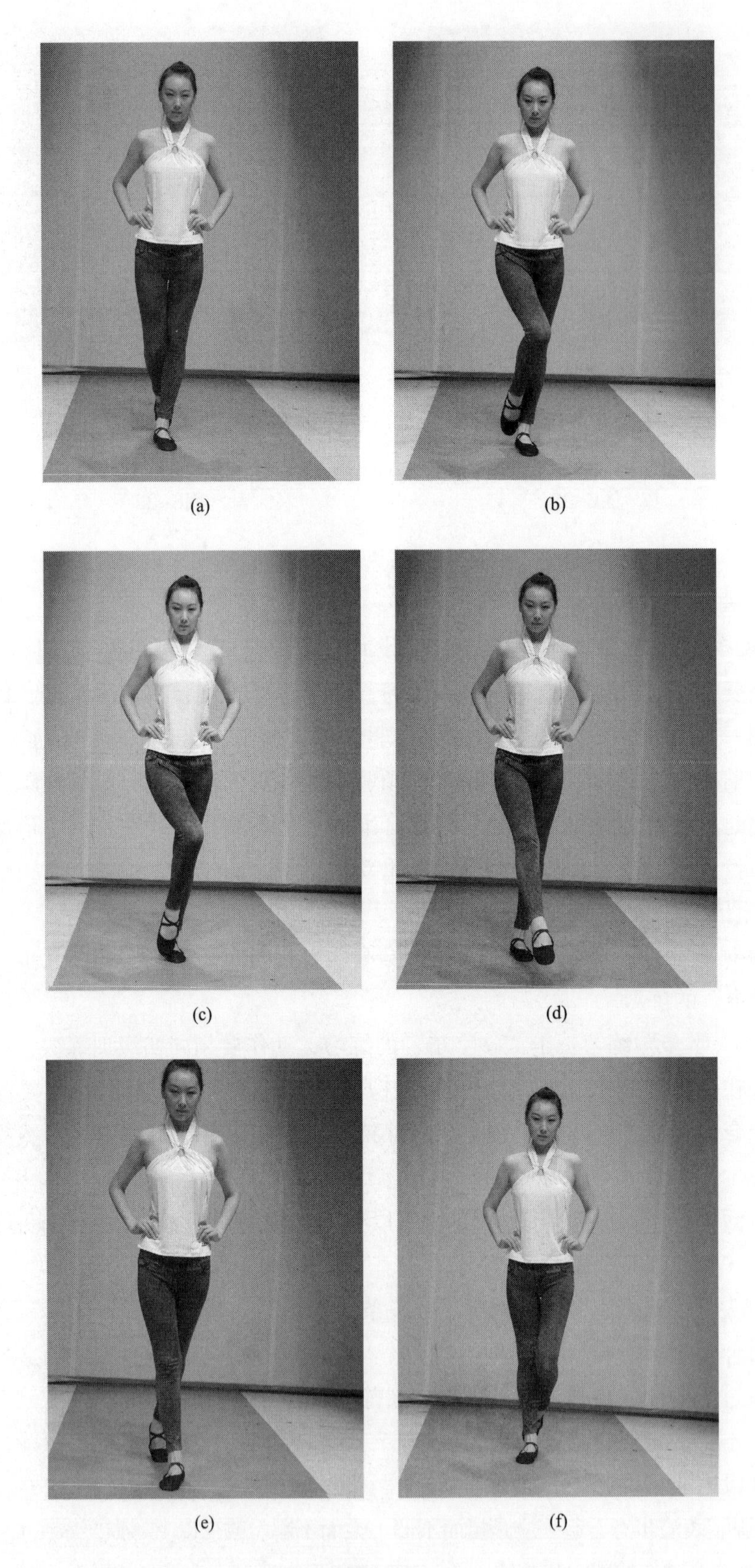

(a) (b) (c) (d) (e) (f)

图6–24

(a)

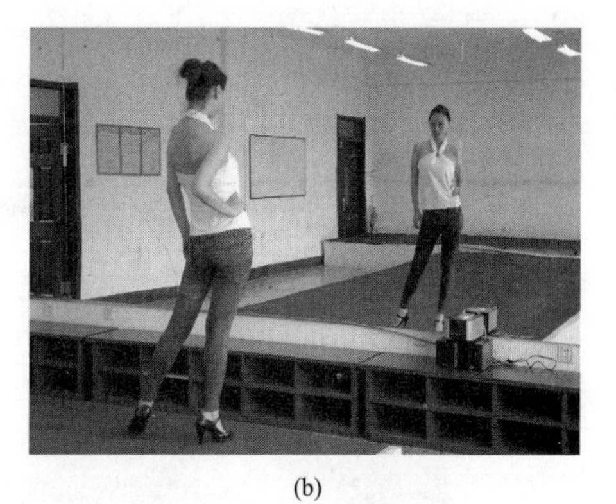
(b)

图6–25

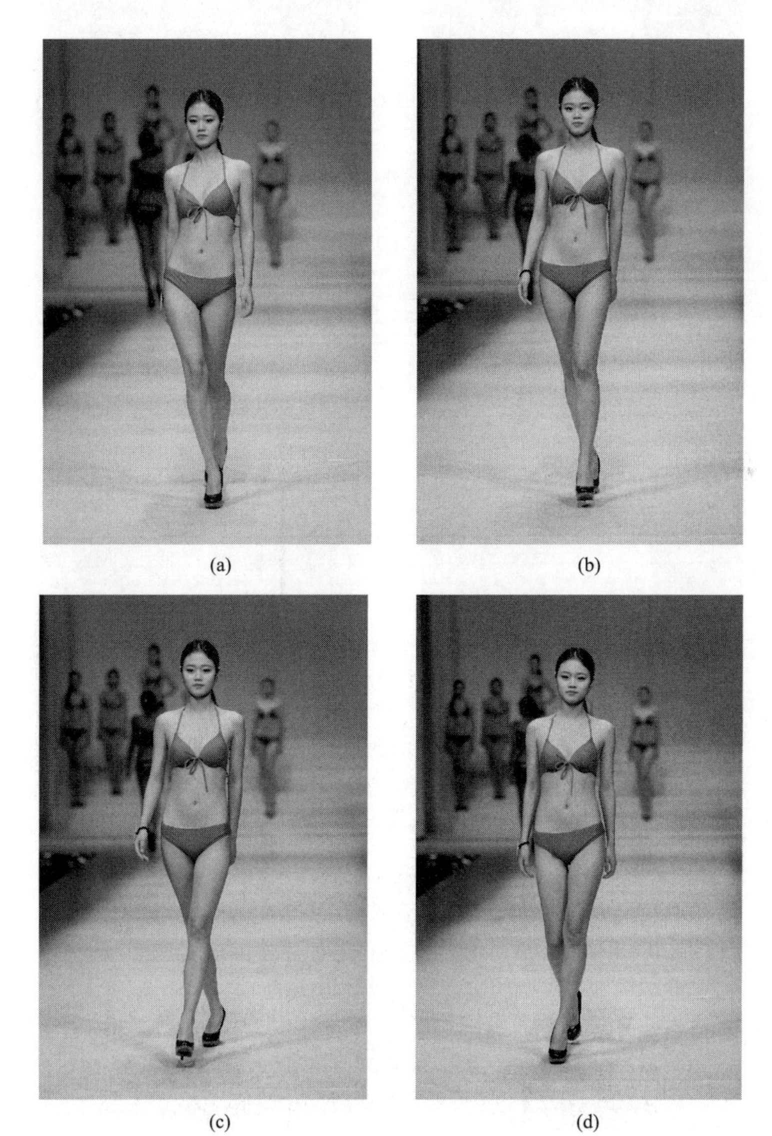
(a) (b)
(c) (d)

图6–26

（2）“交叉步”练习：在“一字步”的基础上，两脚的交叉再大些，胯部摆动幅度也随之增大，这种步伐叫作“交叉步”。这样走起来，整个身体会更有韵律感，显得婀娜，女人味十足（图 6–27）。穿着晚装时可运用这种走台方式（图 6–28）。

(a) (b) (c) (d)

图6–27

(a)

(b)

(c)

图6-28

（3）“平行步”练习：“平行步”是男模特表演时的主要步态，在行走时，两脚呈平行线状前行（图6-29）。因为男女模特在走台步时有一定的差异，所以女性模特通过“一字步”和“交叉步”体现身体的韵律感、曲线美，而男性模特要展示刚劲沉稳，所以用“平行步”能更好地控制身体的整体节奏，凸显阳刚之气。

(a)

(b)

(c)

(d)

图6-29

以上几种行走步伐男女模特都能够在舞台上运用，“一字步”也并非是女模特的专利，在特定的表演情景中，男模也能够使用，但注意一定要符合服装表演的形式和风格。采用每种步伐时身体都要保持挺拔、舒展，随着音乐的节奏而迈步，并根据不同的服装而配合不同的表情。总之，模特的步伐训练不是一日之功，要刻苦练习，并注重与现代流行趋势结合，才能更好地展现服装。

3. **矫正性步态练习** 腿型对于模特来说尤为重要，挑选模特的标准应该是双腿并拢后缝隙较小，腿部线条流畅。但在模特中确实有些人的腿型不是很完美，偶有“X”型或是“O”型，还有的是粗腿、细腿、短腿，这些腿型会直接影响服装展示的效果。可以通过调整走步的方式来改善不良腿型的视觉效果。腿部在整个身体的下方，所以腿型不完美的模特尽量不要在腿部或是脚部上做出夸张性的动作，可强化个人的面部表情或是上半身的表现。同时，“X”型腿、“O”型腿，粗腿、细腿的模特可以采用“交叉步”，“交叉步”可让双腿并拢得更近些，通过视觉上的错觉掩盖腿部不直腿部太细的状况。短腿的模特可以把步子拉大，这样看起来腿部也就变长了。

（三）特殊步态的表现

特殊步态不是常规的表演方式，它是根据服装表演的主题、表演风格、服装设计师或编导的要求，甚至是舞台的台型、台面等的不同而表现出来的一种特别的表演步伐。特殊步态的出现实际上也是服装表演形式快速发展的一种体现，普通的表演步伐不能满足现今观众的审美要求，所以，服装模特还应掌握以下几种特殊步态。

1. **光脚行走** 光脚行走即模特不穿鞋在舞台上展示，由于光着脚，所以整个脚底完全着地，所呈现的脚型就不是很美观。模特应注意脚下不要太用力，重心适当上移，可以绷着脚，直行时两脚在一条直线上走。光脚行走除了可以运用在泳装展示中之外，还可以在特定的舞台场景中表现幽静飘逸的感觉（图6-30）。

(a)

(b)

图6-30

2. **踮脚行走** 踮脚行走在光脚行走的基础上增加了难度，是整个身体靠脚掌的力量来支撑，脚跟抬起的一种行走方式，这部分训练最能体现模特脚下的基本功。虽然踮脚行走在舞台表演中并不常用，但如果是在模特比赛中要求在泳装展示时光脚行走，就可以运用这种方法，因为抬起脚后跟可以增加腿部线条的美感，就如同穿上高跟鞋后的状态。但要注意重心要稳，切忌走路时身体上下起伏（图6–31）。

(a)

(b)

图6–31

3. **跑跳步**　“跑跳步”是在穿着活力装时运用的一种步伐，在演出开场时运用跑跳步，能够掀起整个演出的气氛，使观众很快进入到表演的氛围中。因为穿活力装搭配的是运动鞋，所以步伐可以不拘泥于“一字步”走法，甚至可走平行步，脚跟略踮起，看起来有弹性，步幅比一字步稍大，手臂、胯部动作都可以不那么程序化，越轻松自然越好（图6–32）。

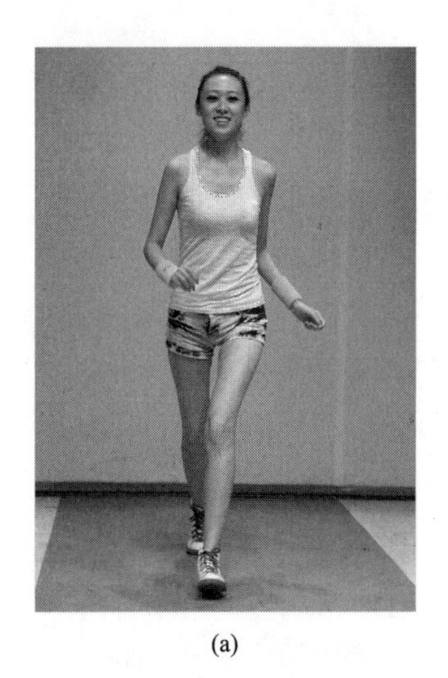
(a)

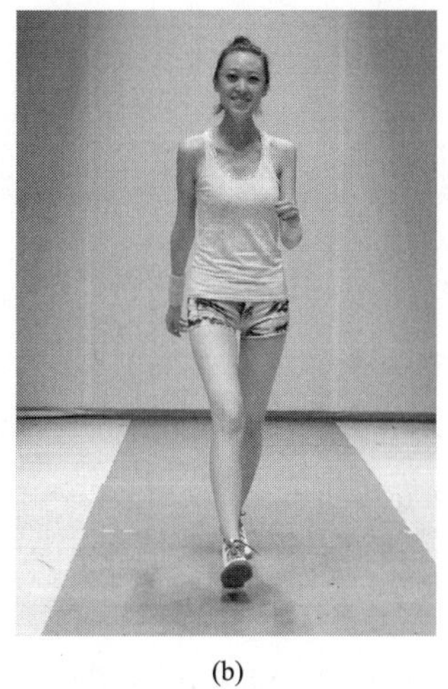
(b)

图6–32

4. **上下台阶**　在台阶上行走，这是在表演中经常遇到的，模特如何在上下台阶时表现自如，还要通过练习来掌握要领。当上台阶时，重心腿应站稳，驱动腿抬起，并注意整个身体重心上提，轻落脚，然后再抬起另一条腿做同样动作，眼睛要始终目视前方，用余光注意脚下，节奏和平时走台时一样。下台阶时也同样要提气收腹，脚落台阶时轻放，不要发出“哐哐”的声音，防止上下幅度过于明显。由于下台阶时往往是面朝观众，所以尤其要注意表情。而上台阶时虽然背对着观众，也不能放松身体，更不能低头，还应保持自然优美的姿态完成之后其他的动作（图6–33）。

5. **高抬腿式**　高抬腿式的走法如果是模特的习惯走台方法，那么可以视为不规范的台步，但如果作为一种强化和夸张，则是体现模特表演步态的另一种表现方式。它是强调腿部和脚部的展示方法，裤装和鞋子的发布会若采用这种走法，会大大增加观众对模特下半身服装展示的可视度（图6–34）。

图6–33

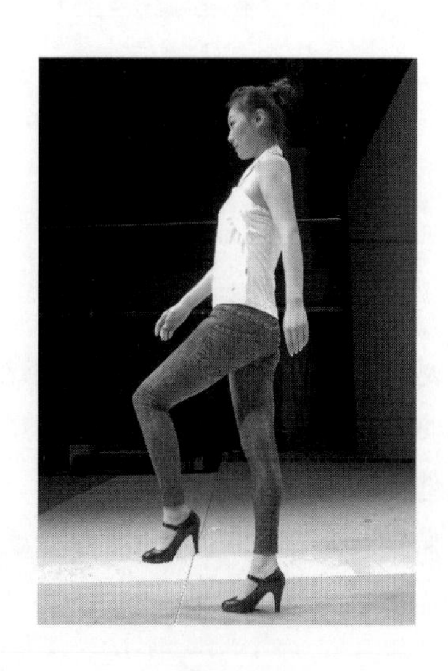

图6–34

三、定位训练

定位即某事物在一定环境中所确定的位置。模特表演中的定位是指模特在舞台中做静态展示时停留的具体位置。一般情况下，模特出场时、到台前时、下场时，需要由定位来完成。模特定位的目的是让观看者看清楚展示的服装，所以在服装表演过程中，模特可以通过定位进行亮相或造型。

（一）亮相

亮相是指模特在一个短时间的停顿中所摆出的姿势。一般模特在上场、下场转身及台步衔接时使用这种姿势。模特亮相的姿势是静止的姿态，可以集中突出显示服装的款式、质地、色彩和风格。亮相可以使观众在感受到服装动态美的同时，欣赏到服装在静态时的魅力。模特在表演过程中可以通过在伸展台不同位置进行亮相，使观众从不同角度欣赏到服装，以向观众展示服装的款式、服装突出的特点及设计师的构思。

表演中的亮相动作要做得自然协调，恰到好处，切勿矫揉造作。另外还要注意动作之间的衔接要自然。

1. **脚位练习**　当模特站立在舞台上时，主要靠腿部支撑身体，当将身体的大部分重量集中在某一条腿上时，这条腿就是所谓的重心腿，另一条腿可随意摆动，叫驱动腿。根据脚摆放的位置不同，可分为：前点脚位、旁点脚位、后点脚位、分立脚位、交叉脚位。

（1）前点脚位：前点脚位是女性模特最常用的脚位，也叫丁字定位，在国内的模特表演中经常见到，尤其在表现含蓄的民族类服装，或是高雅的晚装时，就会选择此种脚位（图6–35）。前点脚位的重心在后面的腿上，前脚点地。在练习此脚位时应注意保持两脚之间的角度和距离，前脚的脚跟应在后脚的脚中处，膝盖可直可弯，弯曲的角度应在135° 左右，同时胯部要有一定的曲线，这样才能把女性的曲线美体现出来。男模特的前点脚位不同于女模特的是：两脚之间不能离得太近，也就是两腿不要太靠近（图6–36）。

(a)

(b)

(c)

图6–35

(a)

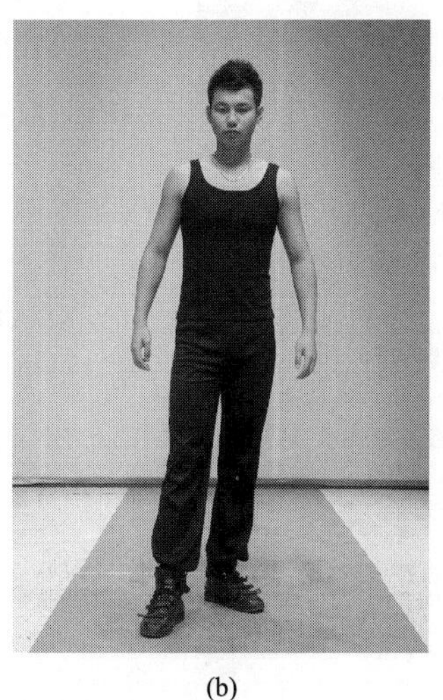

(b)

图6–36

前点脚位几种变化：

① 左腿为重心腿，右腿在前，膝盖伸直，不移胯（图 6–37）。

② 左腿为重心腿，右腿在前，膝盖微屈，不移胯（图 6–38）。

③ 左腿为重心腿，右腿在前，膝盖内屈，左移胯（图 6–39）。反方向同理。

图6–37

图6–38

图6–39

（2）旁点脚位：旁点脚位是现在表演课程中定位亮相的重点部分，无论是休闲装、职业装、泳装还是概念类服装都能运用。这个姿势较为随意，又具有变化性，只要转换重心，就会呈现出不同的效果。旁点脚位较前点脚位要开放些，在现今的时装秀中运用较频繁，也可称之为“创意化”的脚位。在训练时，注意两脚之间的距离尽量分得宽点，但不要超过肩宽，以一条腿为重心腿，脚尖向外打开，另一条腿放在身体一侧呈虚步，脚尖点地，脚跟略抬起，膝盖可以向内、向外侧走势，可屈膝可直膝，胯部也要随着重心腿的转换而扭动，还要考虑服装设计师的要求、服装的风格款式等（图 6–40）。

图6–40

旁点脚位几种变化：

① 左腿为重心腿，右脚在旁点地，两脚距离与肩同宽，膝盖伸直，脚尖朝向前面点地，左移胯（图6–41）。

② 左腿为重心腿，右脚在旁点地，两脚距离窄于肩宽，右腿膝盖掩住左腿膝盖，脚尖朝向前面点地，左移胯（图 6–42）。

③ 左腿为重心腿，右脚在旁点地，两脚距离窄于肩宽，右膝盖弯曲并朝向侧面，脚掌点地，脚跟抬起，左移胯（图 6–43）。反方向同理。

图6-41

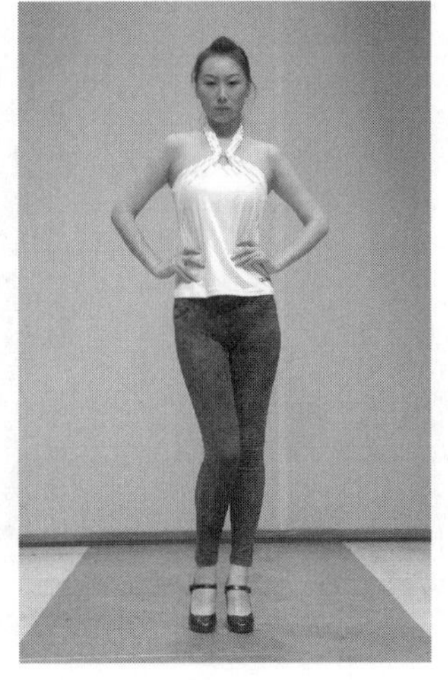

图6-42

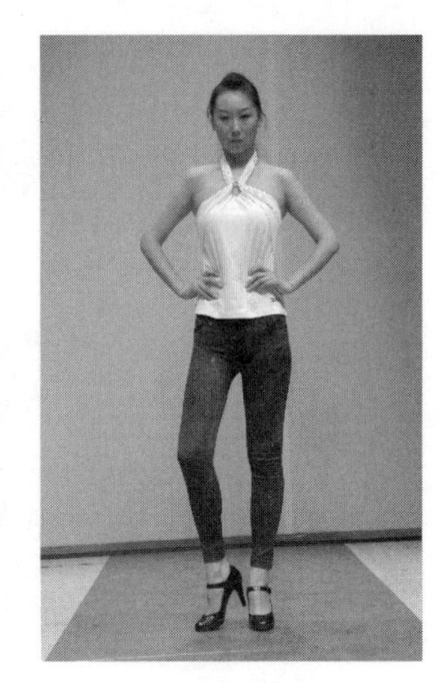

图6-43

以下是舞台中根据不同服装展示，旁点脚位的不同变化（图 6-44）。

(a)

(b)

(c)

图6-44

（3）后点脚位：后点脚位一般用于表现比较优雅又带有浪漫色彩的裙装，此脚位重心腿在前，驱动腿在身体后侧，脚尖点地呈虚步，由于重心在前，整个身体便自然地前倾，所以常常配合双手叉腰的动作保持重心的平稳性（图 6-45）。

后点脚位几种变化：

① 左腿为主力腿，右脚在左脚后跟的延长线上，脚尖点地，膝盖伸直，左前顶胯（图 6-46）。

② 左腿为主力腿，右脚稍向右侧，脚掌内侧点地，膝盖伸直，左移胯（图 6-47）。反方向同理。

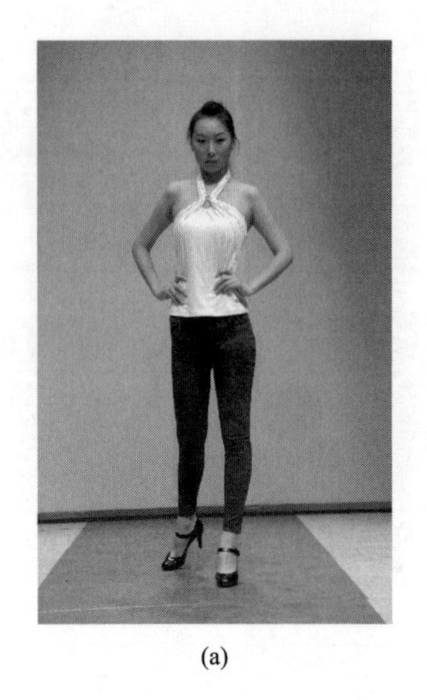

(a)

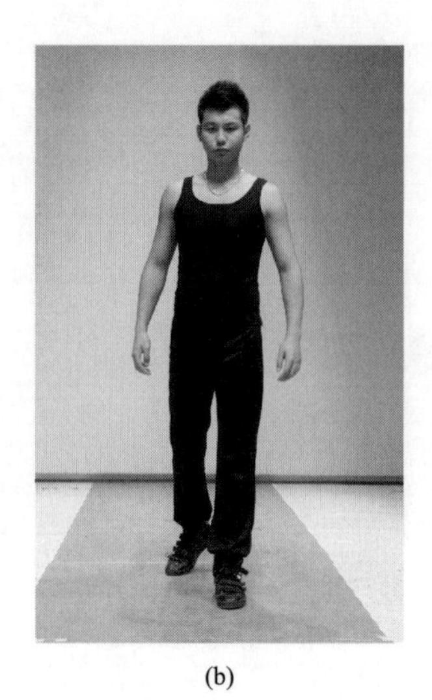

(b)

图6–45

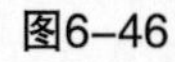

图6–46

图6–47

（4）分立脚位：分立脚位就是两脚叉开，重心在两脚中间所呈现的脚位。一般在男性模特中较为常用，这种脚位充分展示胯部，体现了男性的阳刚之美（图 6–48）。女模特借鉴分立脚位造型时，又能展现出另一种豪放之气。分立脚位在运用时难点在于与转身的结合，要调整好身体的重心才能流畅地展现表演的完整性（图 6–49）。

分立脚位几种变化：

① 分腿站立，两脚尖向内侧相对，两膝盖也同时朝向内侧（图 6–50），此种脚位适合表现童装或是活力装。

② 分腿站立，两脚尖同时朝向一侧（图 6–51）。反方向同理。

（5）交叉脚位：服装表演中的交叉脚位仍是重心在一条腿上，并保持直立，另一条腿与重心腿交叉，脚尖朝前。腿经过身体前侧交叉时，全脚着地、脚尖点地、脚掌着地、脚外侧着地都可， 应视所穿着的鞋而做出选择；经过身体后侧交叉时，脚尖点地、脚掌

(a)

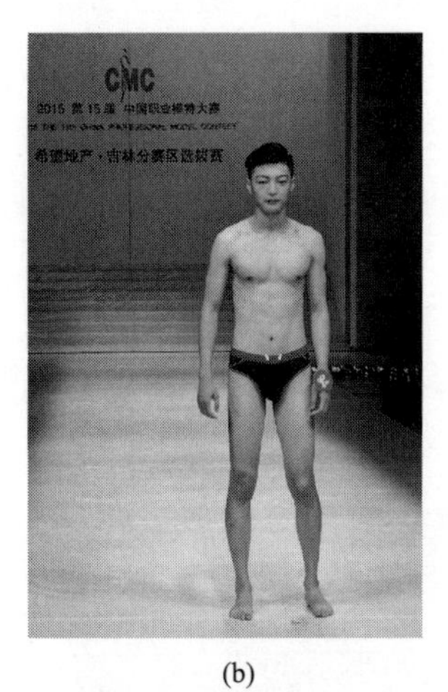

(b)

图6-48

(a)

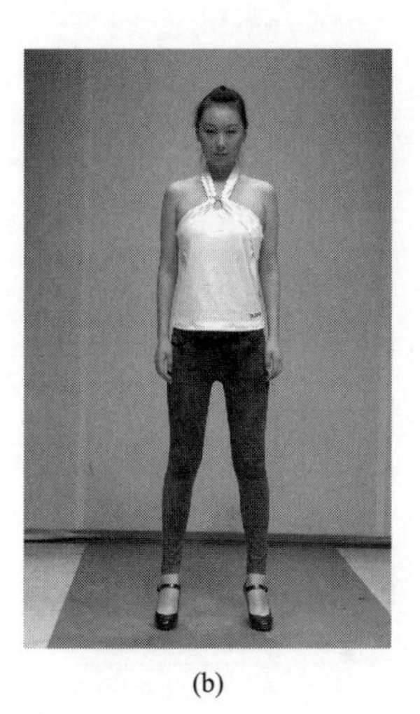

(b)

图6-49

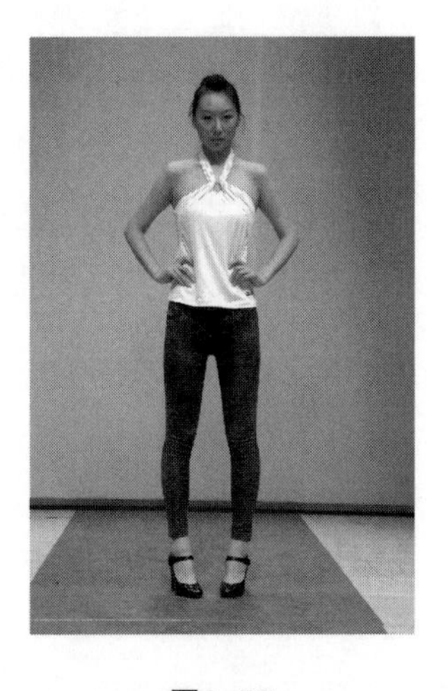

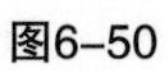

图6-50

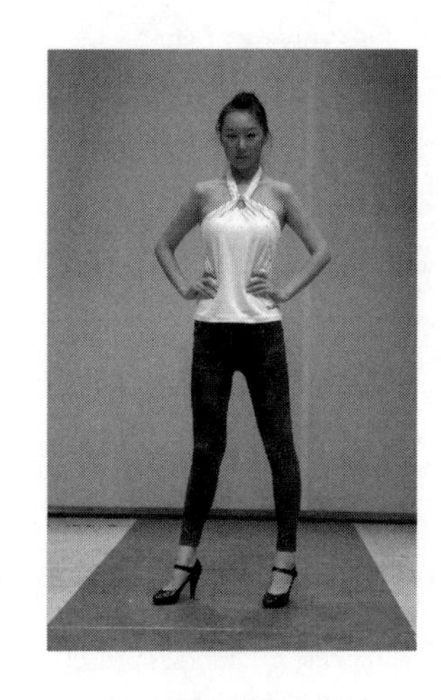

图6-51

着地均可。

① 全脚着地的前点地交叉（图 6–52）。

② 脚尖着地的前点地交叉（图 6–53）。

图6–52

图6–53

③ 脚掌着地的前点地交叉（图 6–54）。

④ 脚外侧着地的前点地交叉（图 6–55）。

图6–54

图6–55

⑤ 脚尖着地的后点地交叉（图 6–56）。

⑥ 脚掌着地的后点地交叉（图 6–57）。

2. **手位练习**　手在整个人体造型中具有很强的表现力，手指的伸直、半握都有不同

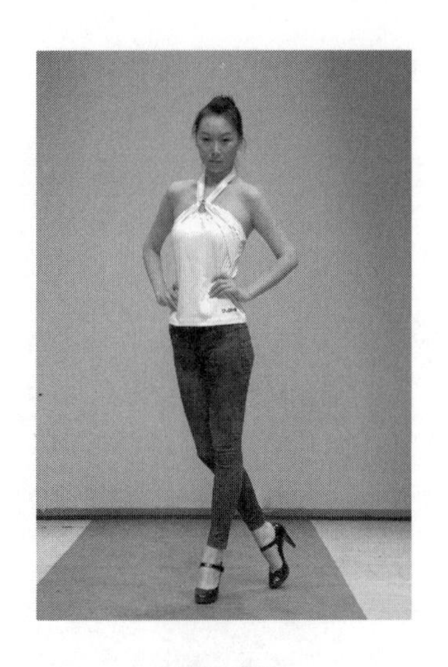

图6–56

图6–57

的效果。模特利用手的表现力能够变换多种表演方式。

（1）常规手位：把手臂放在身体两侧，是模特表演时的常规手位，手随着手臂自然垂于身体两侧，手指尽量打开、放松、伸直，男模特手型呈松拳状。手臂随着身体的运动在身体两侧自然摆动，定位亮相时，两手也自然而然地停在身体两侧，此时，手指不要太刻意摆弄，自然由手腕的引导而放置（图 6–58）。

(a)

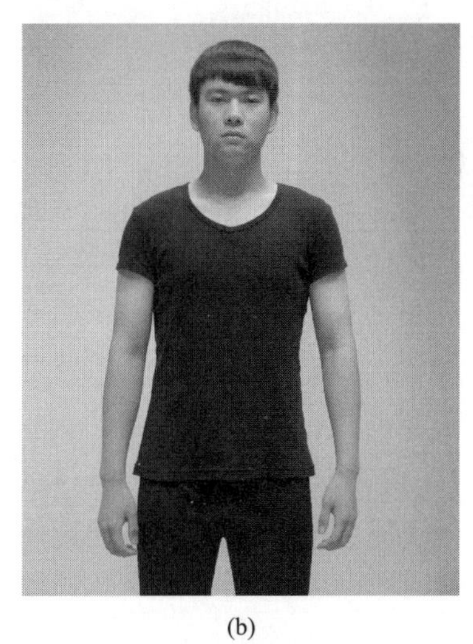

(b)

图6–58

（2）叉腰手位：双手叉腰在模特体势语言中最为常用，把双手叉在腰上，或是虎口朝上、朝下都可以，注意女模特叉在腰间时手腕要下沉，位置一定在腰部，不要太靠下，手的位置决定了整个人的整体协调度。男模特则不能折腕，手指也不要过于弯曲，要表现出男性所特有的气质。叉腰可双手、可单手，可对称、可非对称，具体有以下几种表现方式。

① 正手叉腰：虎口朝上，四指舒展放在腰前，拇指在腰后（图 6–59）。

(a)

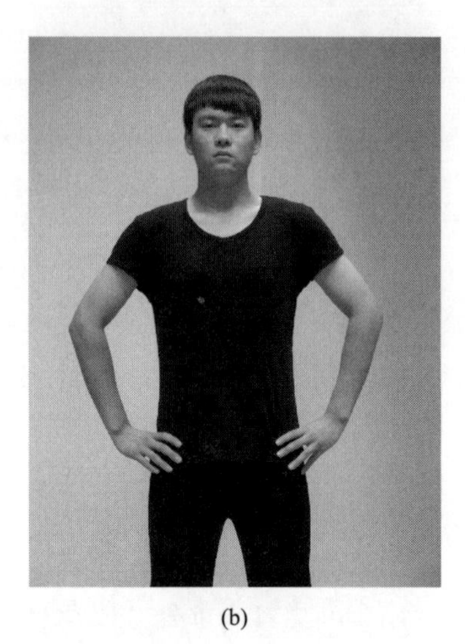

(b)

图6–59

② 反手叉腰：虎口朝下，拇指在腰前，四指在腰后（图 6–60）。

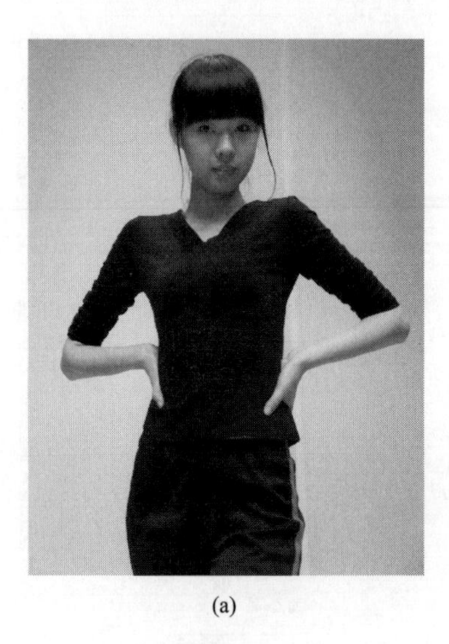

(a)

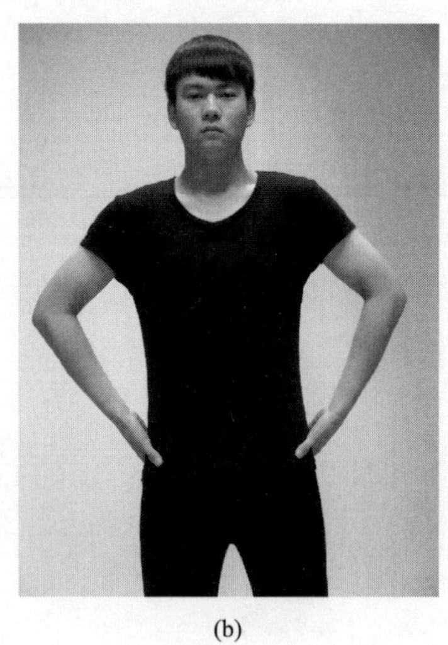

(b)

图6–60

③ 拳叉腰：手握拳，用弯曲的手指叉腰，手背朝前（图 6–61）。

④ 手贴腰：手打开，用手背贴住腰部，手指尖朝下，双手可在腰两侧贴腰，也可在身体后面贴腰（图 6–62）。

⑤ 手撑腰：手打开，用手心靠在腰部，手指尖朝下，双手可在腰两侧撑腰，也可在身体后面撑腰（图 6–63）。

（3）交叉手位：把两只手在身体前侧或身体后侧交叉，这是表现休闲有活力的服装

(a)

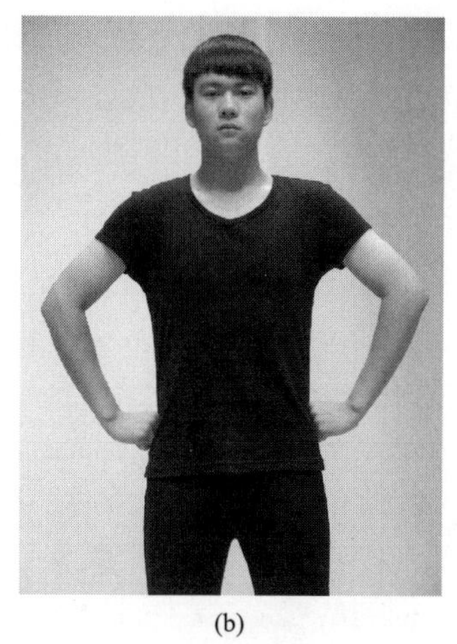
(b)

图6-61

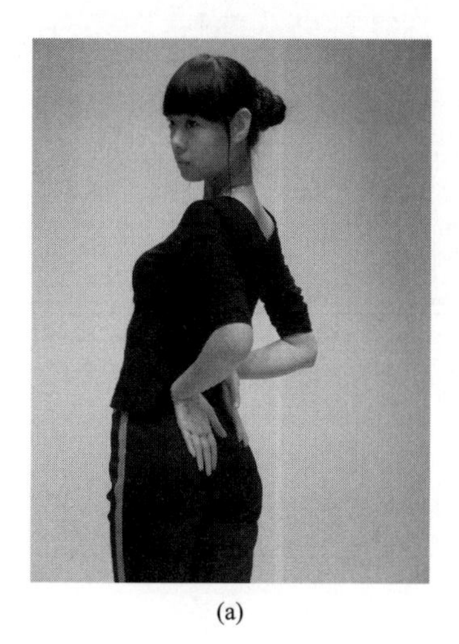
(a)

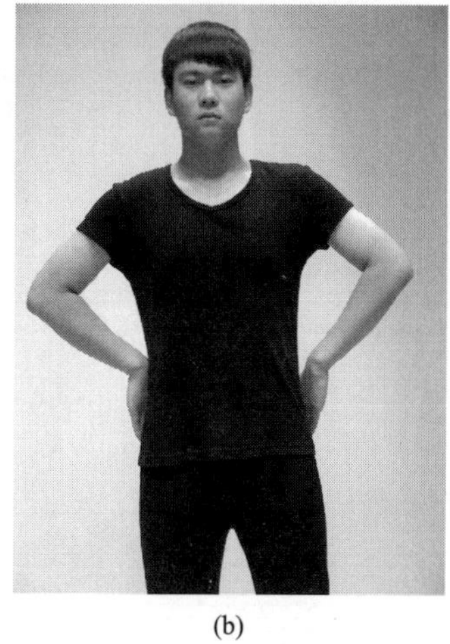
(b)

图6-62

(a)

(b)

图6-63

或是需要进行情景式表演时运用的手位。交叉时可以是手臂交叉，也可以是手交叉。手臂交叉可显示美丽从容；手交叉可以显得自信稳重，男模特可练习此手位。对于手部线条较好的模特来说，此手位是个不错的选择。同时借助手位的变化，可以更充分地展示各种饰物，如手链、戒指、手机等。

① 手臂交叉：手臂交叉主要指小臂交叉，双手臂舒展放于体前，一只手臂放在另一只手臂上，交叉点可在小臂上的任意位置，手指自然打开、伸长（图 6-64）。

(a)

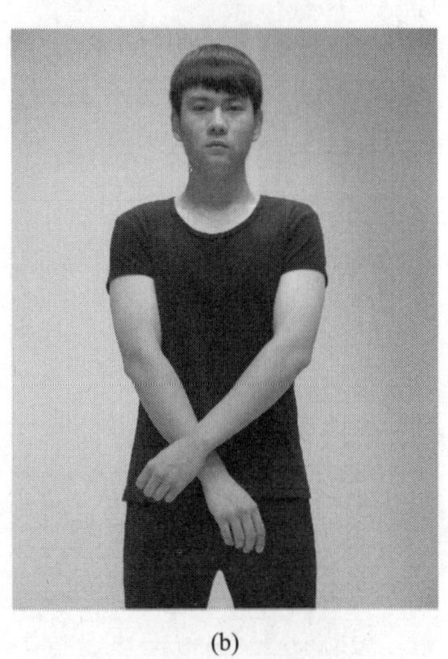
(b)

图6-64

② 手交叉：双手臂舒展放于体前，一只手的手心搭在另一只手的手背上，交叉点可在手背上；也可在身体后侧交叉（图 6-65）。

(a)

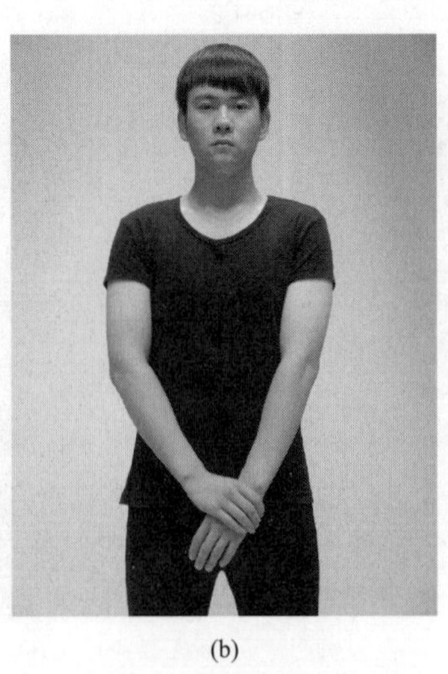
(b)

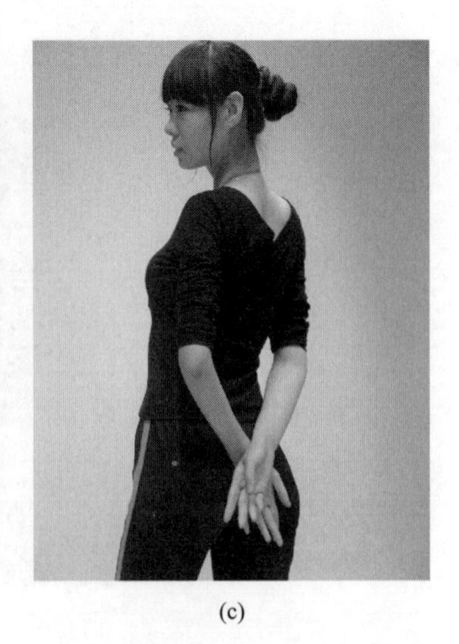
(c)

图6-65

③ 手指交叉：双手臂舒展放于体前，两手指交叉，手背朝上或手心朝上，也可在身体后侧交叉（图 6–66）。

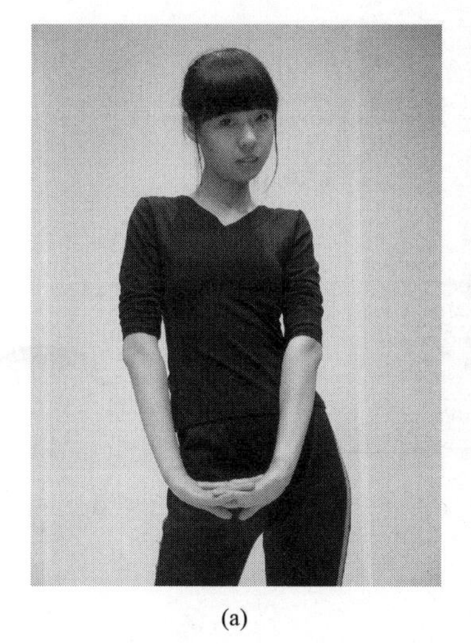

(a)

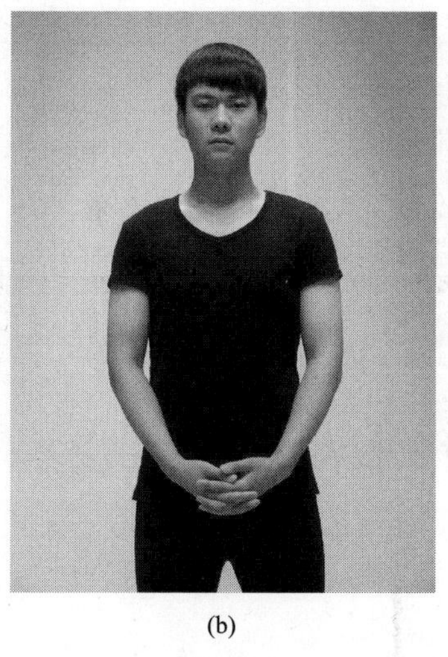

(b)

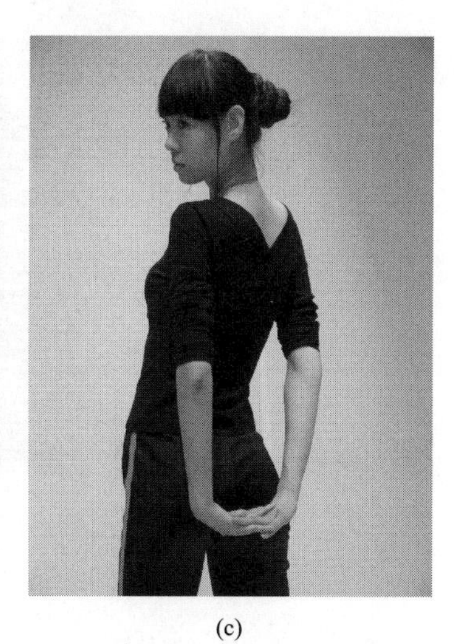

(c)

图6–66

（4）展开手位：双手臂在身体两侧打开，肘关节微弯，双手心朝上，中指稍抬起与拇指相对；也可把手心朝下。男模特在展示民族类服装时常运用此手位，注意把肘关节展平，才能体现男人气概（图 6–67）。

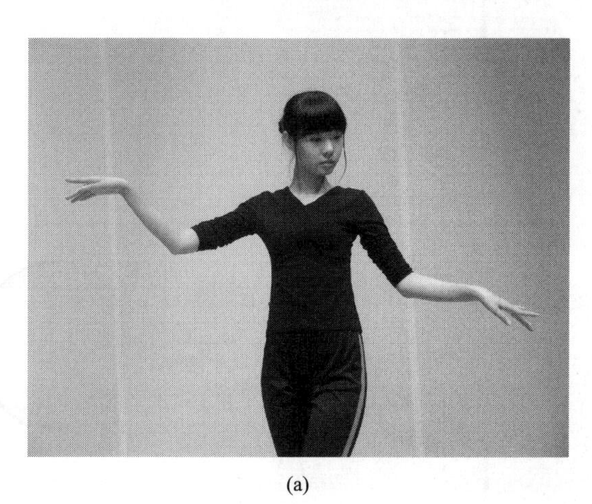

(a)

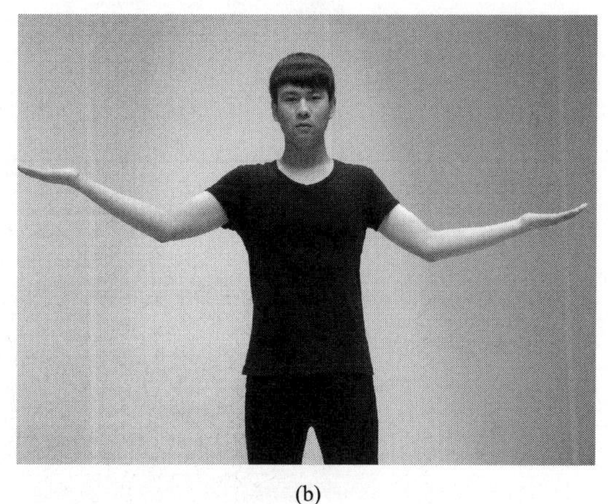

(b)

图6–67

（5）其他手位：手部的动作能够带动观众的视线，当展示首饰、头饰等物品时，模特配合手的抚脸、触头等动作，能够为服装创造出一种观赏性强的视觉效果（图 6–68）。

需要注意的是，并非在任何情况下都能运用手位，要有选择性地添加手的动作，还应考虑自己的手部皮肤以及手指的长度、指甲的造型是否完美等因素，千万不要因为手部粗糙、指甲有污垢而影响了服装展示效果，也有损个人形象。所以，模特要注意手的日常保养与清洁也是提升模特的舞台形象的一部分。

(a)

(b)

图6–68

以下是在舞台中根据不同服装展示，配合不同的手部和脚部的造型展示（图 6–69）。

(a) (b) (c) (d)

图6–69

3. **头位练习**　头部的动作起着决定性的作用，模特从出场走到台前，观众最想看到的除了服装就是模特的面部形象，所以，头位练习尤其重要（图6–70）。练习时应注意头顶应当保持向上，面部朝前也就是完全正面；当面部朝向是3/4面或是完全侧面时，只要头部稍稍改变方向，给人的感觉就会大不相同。面部表情尤其是眼神的运用随着头部的转向也会有细微的变化。如果模特在作头部造型变化较少时，可引导模特从头部的细微变化着手，通过较小的改变体现整体的不同效果。

(a)

(b)

图6–70

身体朝前定位亮相，抬头准备，头部正面向前，眼睛也向前看，这是最基本的头位，即正面头位；把头部稍稍转动，把头转 45° 角朝向前方，眼神不变，身体朝向不变，即 45° 角头位；再把头部转动到身体的侧面，下巴与肩膀同平，眼睛也朝向身体的侧面，即侧面头位（图 6–71）。这三种头位都是在抬头的基础上改变头部的方向，也就是左右转动。头部朝向还可以向上、向下变化，即仰头、低头。

(a)

(b)

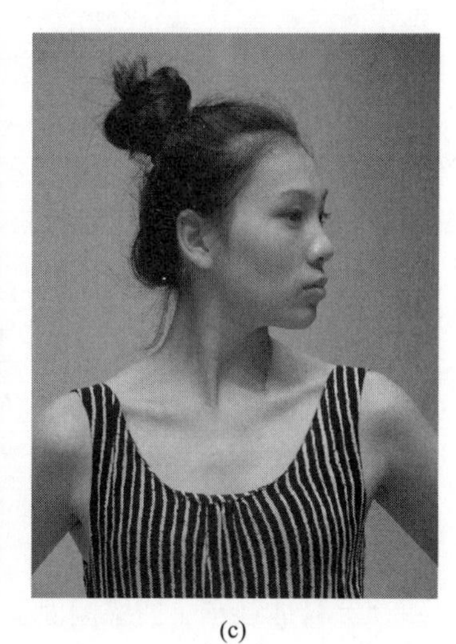

(c)

图6–71

我们可以从身体朝向、头部左右转动、头部朝向上下变化、改变眼神朝向来训练头部的动作。

① 身体朝前，训练头部正面向前、仰头、低头以及眼睛平视、仰视、俯视（图 6–72）。

(a)

(b)

(c)

图6–72

② 身体朝前，将头转 45° 角，进行抬头、仰头、低头以及眼睛平视、仰视、俯视训练（图 6–73）。

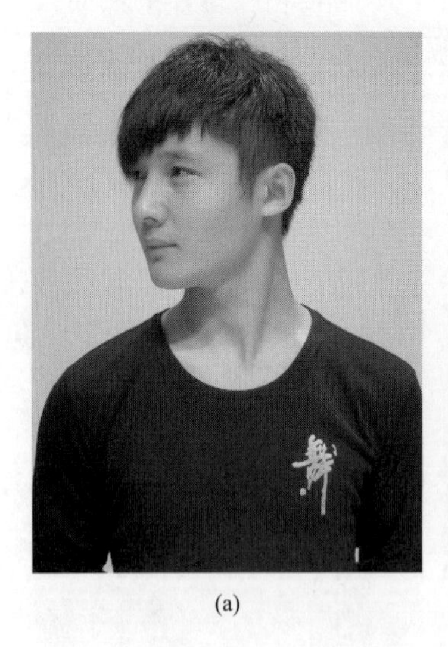

(a)

(b)

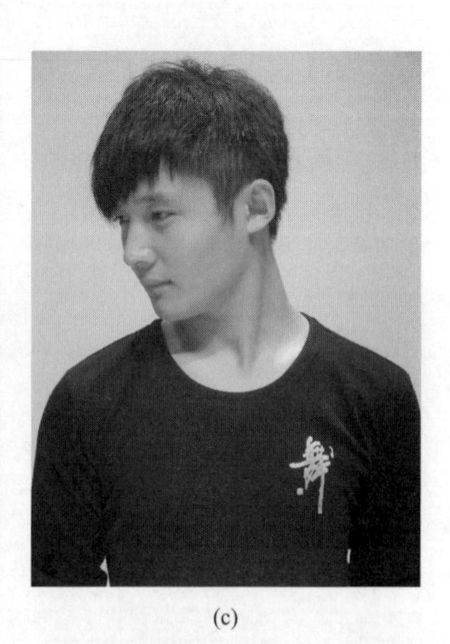

(c)

图6–73

③ 身体朝前，训练侧面头部抬头、仰头、低头以及眼睛平视、仰视、俯视（图 6–74）。

④ 身体转 45° 角，头正面向前，训练抬头、仰头、低头以及眼睛平视、仰视、俯视（图 6–75）。

(a)

(b)

(c)

图6–74

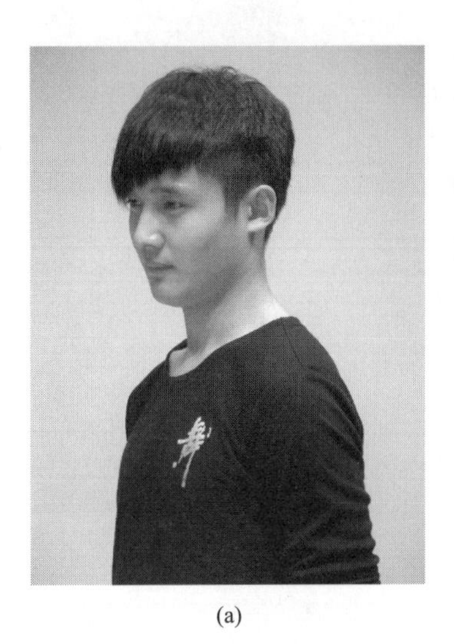

(a)

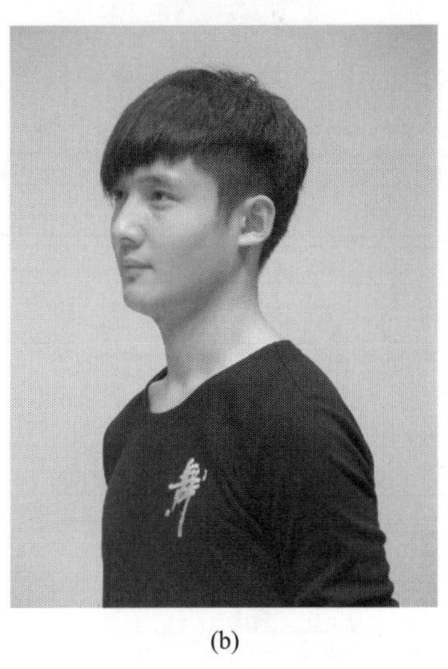

(b)

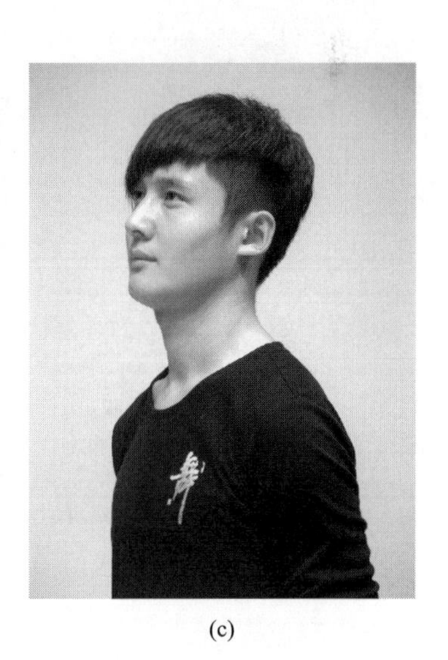

(c)

图6–75

⑤ 身体转 45° 角，头转 45° ，训练抬头、仰头、低头以及眼睛平视、仰视、俯视（图 6–76）。

⑥ 身体转 45° 角，头转 90° ，训练侧面抬头、仰头、低头以及眼睛平视、仰视、俯视（图 6–77）。

⑦ 身体朝向侧面（转 90° 角），训练正面抬头、仰头、低头以及眼睛平视、仰视、俯视（图 6–78）。

⑧ 身体朝向侧面，头转 45° ，训练抬头、仰头、低头以及眼睛平视、仰视、俯视（图 6–79）。

⑨ 身体朝向侧面，头转 90° ，训练抬头、仰头、低头以及眼睛平视、仰视、俯视（图 6–80）。

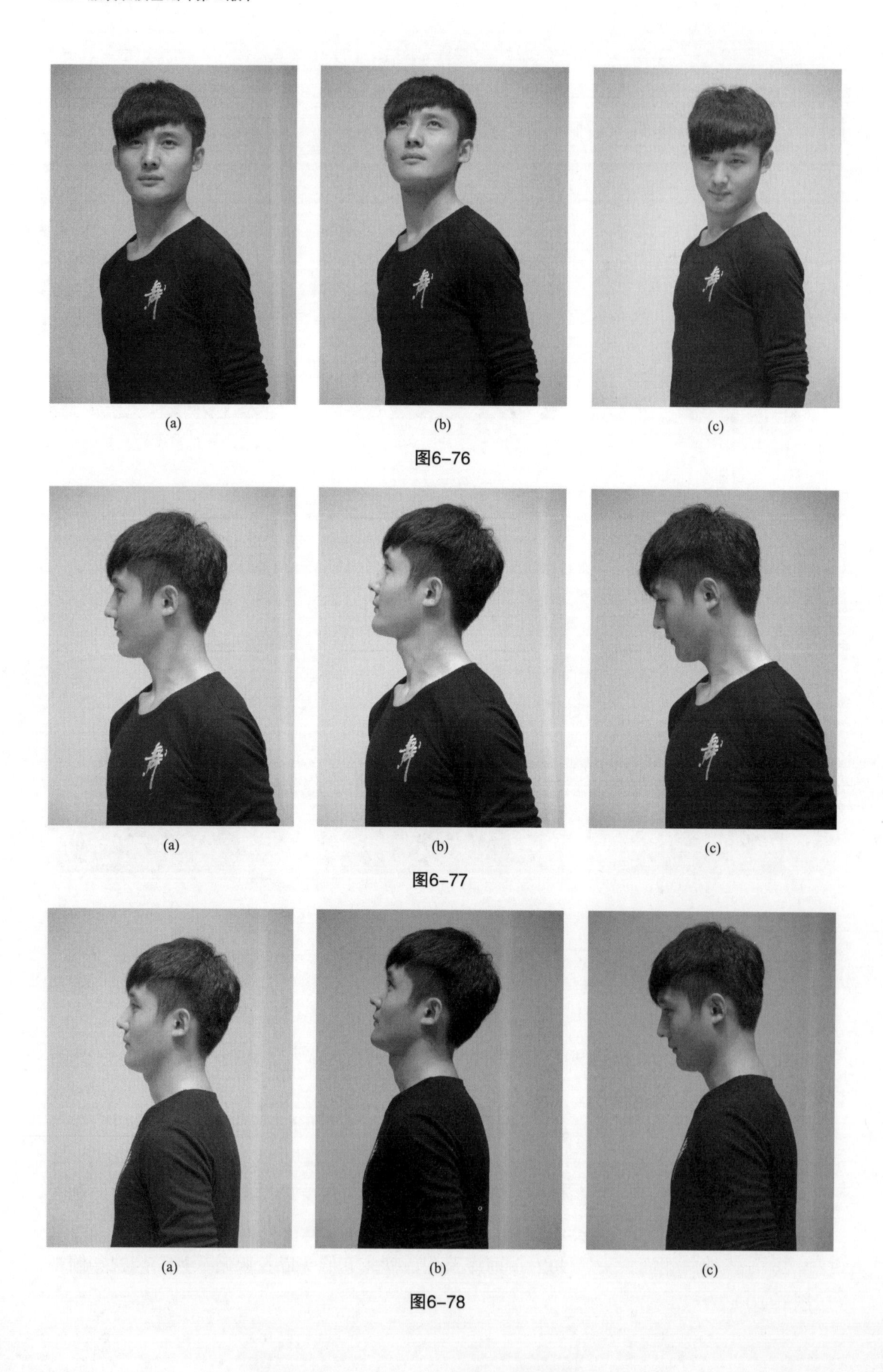

(a) (b) (c)

图6–76

(a) (b) (c)

图6–77

(a) (b) (c)

图6–78

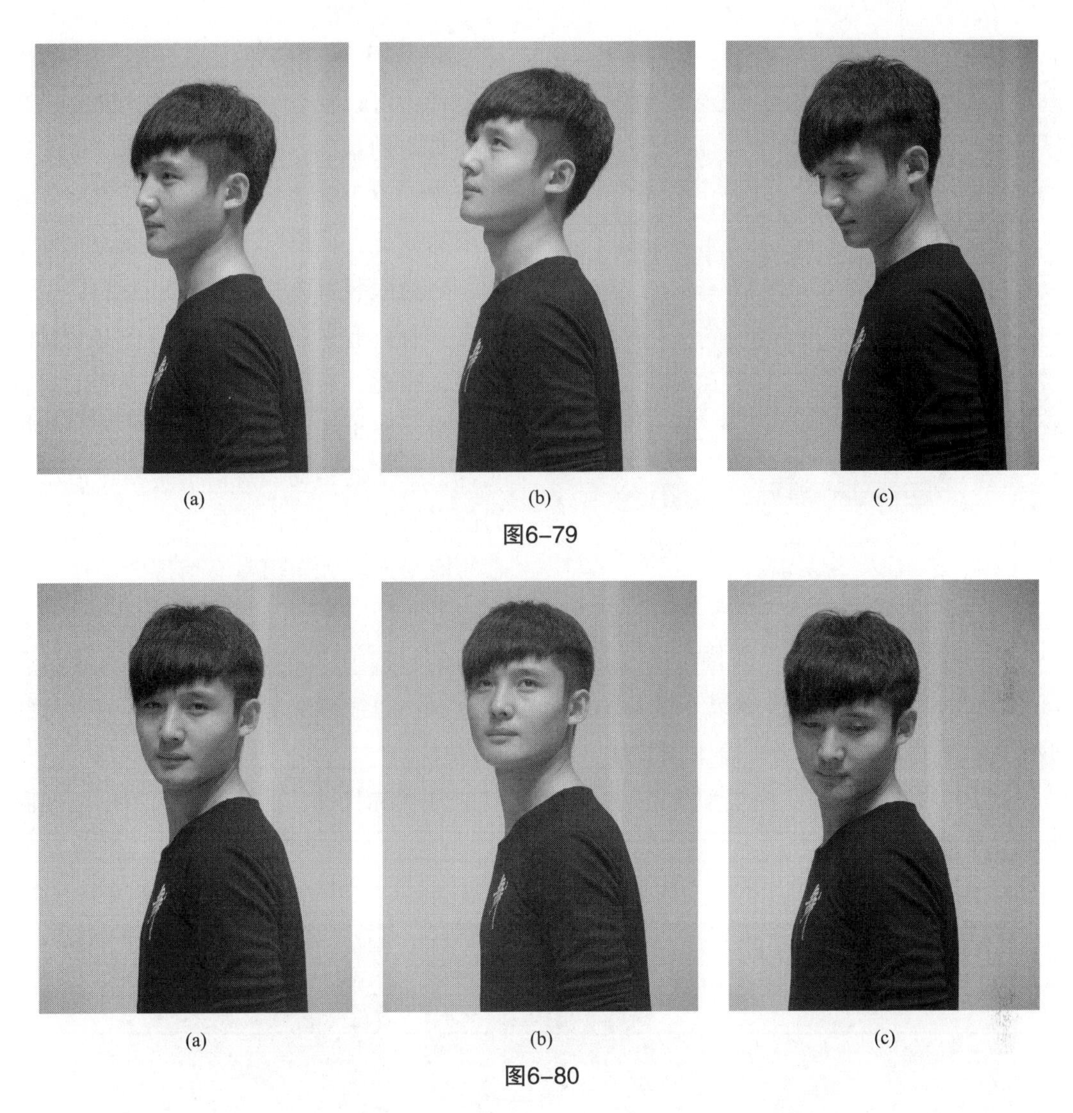

(a)　(b)　(c)

图6-79

(a)　(b)　(c)

图6-80

⑩ 身体朝向背面，头转 90°，训练抬头、仰头、低头以及眼睛平视、仰视、俯视（图 6-81）。

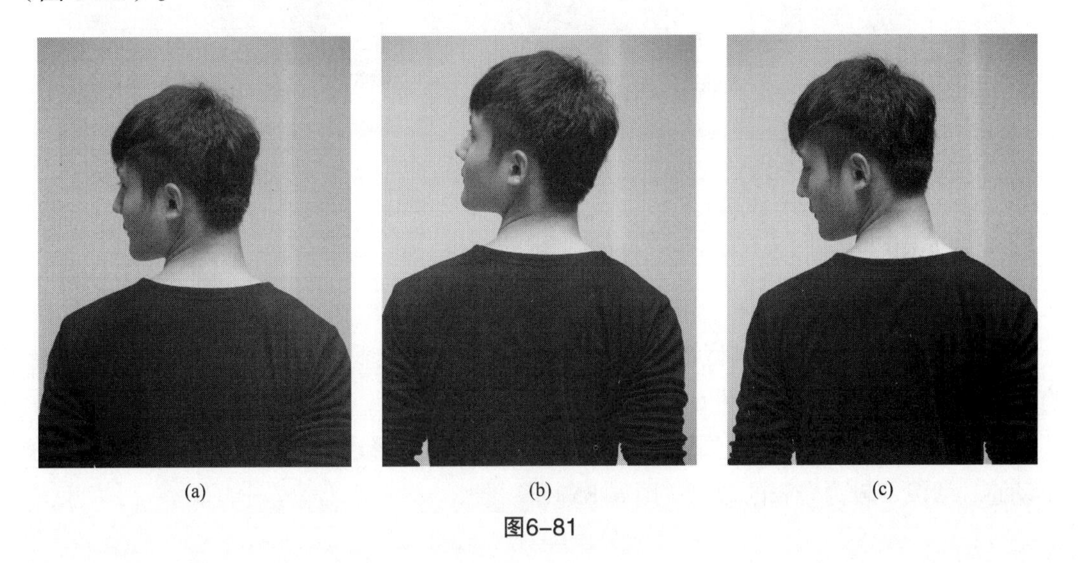

(a)　(b)　(c)

图6-81

图6–82

4. **躯干练习** 躯干部分是人体的重要位置，可以视为一个几何体，它是模特摆姿势时的基础，并影响着其他部位动作的变化。躯干动作的变化主要是靠肩部和胯部的变化，而肩部对于模特来说非常重要，因为服装首先是挂穿在肩上的，由肩部支撑着，肩平、肩宽是服装造型垂感的关键，因此，肩部形态是躯干造型中的重要因素。躯干练习还要和身体的其他部位配合，躯干的转动表现恰恰是模特造型感的创意所在。所以，模特要注意对躯干姿态的恰当把握，做出富有情感的动作（图 6–82）。

5. **形体线条的练习** 模特在进行形体曲线练习的过程中，通过运用不同形体线条，可以传达不同风格的服装效果。线条的练习主要包括：曲线型练习、垂线型练习、折线型练习。在做此练习时要配合不同脚位、手位和头位。

（1）曲线型练习：曲线型线条适合女性模特表现柔和优美，曲线的弯曲程度要视服装款式而定（图 6–83）。

(a)

(b)

(c)

图6–83

（2）垂线型练习：垂线型练习要做到人体与地面形成垂直的一条线，适合男性模特，有产生潇洒、豪放的效果（图 6–84）。

（3）折线型练习：折线型练习要做到头、躯干和腿形成一定角度的折线效果，有产生动感、活泼、较为夸张的效果（图 6–85）。

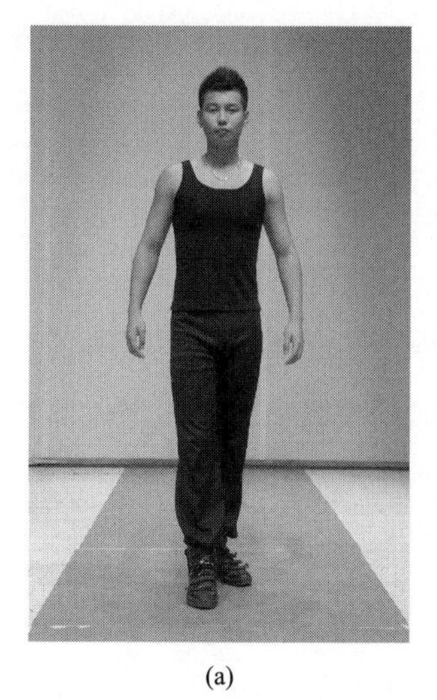
(a)

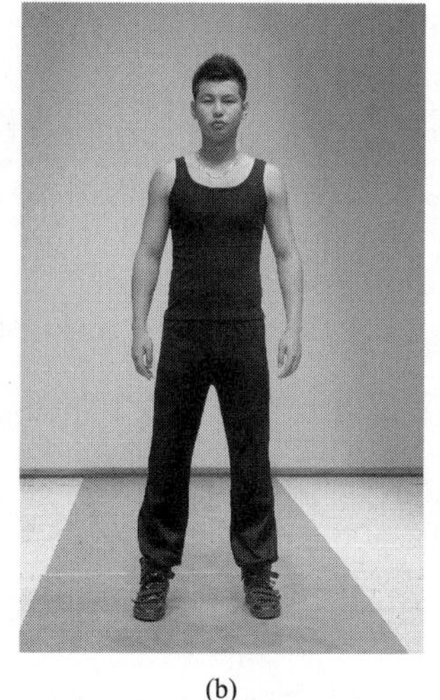
(b)

(c)

图6–84

(a)

(b)

(c)

图6–85

（二）造型

造型一般是指在表演过程中，模特一人或多人组合做长时间的亮相姿态。造型与亮相的主要区别是前者停顿时间长于后者，动作的幅度前者大于后者。同时，造型可由多人完成，通过集体造型可使观众同时看到一个系列的完整效果。

造型要比亮相有难度，它是通过肢体各部位的组合重新塑造的一种姿态。同时在人数上可由多人共同完成。造型的平时训练与亮相基本相同。此外，还要进行群体合作练习。服装表演中的服装一般是呈系列的，要求模特注重相互配合，此时不是要突出个人的表演，而是要充分展示系列服装的整体效果，要具有团队精神，群体合作意识，注意保持每个人之间的距离，造型的变化，整体的层次等。根据形式美法则的规律，群体造型可遵循如下规则。

1. **平衡法群体造型** 平衡是指对立的各方在数量或质量上相等或相抵后呈现的一种静止状态。在造型艺术中，整体中的不同部分或不同因素的组合形式如果能给人以平稳、安定的感受，那么这种组合形式就称之为平衡。造型艺术中的平衡，是靠人们的视觉和心理去感受的。处于平衡状态的作品能给人以舒适、恬静的美感。反之，会使观看者烦躁不安。服装表演中的造型平衡体现在群体结构上的左右对称、前后对称，这种对称又体现在人数上。可是平衡并非是真正意义上的量的对称，也许左侧分散的人数少，右侧聚集的人数多，但视觉上构图却取得了均衡，所以，平衡在于模特数量、性别、高矮，整体造型的面积等（图6–86）。

(a)

(b)

图6–86

2. **节奏法群体造型**　节奏就是重复。不断地重复，自然而然地就产生了节奏。如人的呼吸、行走、四季的变化、昼夜的交替等。当人们把这种变化形式引入审美和艺术创作活动之中，这种有规律的节奏变化便能产生强烈的艺术感染力。节奏体现在整个服装表演过程中造型安排上的运动节奏，这种节奏会给人不断变化和不断重复的感觉，形成画面的有规律变化（图6–87）。

3. **比例法群体造型**　在审美和艺术创作活动中，比例主要是指某种艺术形式内部的数量关系。在群体造型的过程中，整体与局部、局部与局部之间，通过面积、长度、轻重等的差异也会产生美的效果。以下列举三种方法。

（1）黄金比例法：黄金分割是古希腊人发现的分割数值比，是被世人公认的最具美感的比例。黄金分割法是将一线段分为一长、一短两段，其中长段与总长的比值为 0.618。服装动态展示的舞台常常是 T 型台，在伸展台部分，如需模特停留的话，可选择在伸展台的 3/4 或 5/8 位置，是比较和谐的构图形式，这也恰恰符合黄金比例（图 6–88）。

图6–87

图6–88

（2）等份比例法：等份比例就是把所有模特平均分成两个或多个部分，多个模特视为一个整体，但一定遵循每个整体之间是相等份的。以在多层台阶定位造型为例，每层台阶站有相同数量的模特，给人整体感、稳定感（图 6–89）。

（3）渐变比例法：间距依次扩大或缩小，呈现一种整体统一的动势感。群体渐变造型从方向上有横向、纵向、斜向等（图 6–90）。

4. **主次法群体造型**　主与次是指某一事物各部分之间的关系不对等，有主要部分和次要部分的区别，主要部分起着统领全局的作用，制约并决定次要部分的变化；而次要部分要围绕着主要部分来设置、安排并受其支配，起到陪衬烘托主体的作用。在做群体造型时，把主要模特安排在醒目的位置定位，其他模特作为陪衬站在不太重要的位置。当然展示中也并非只是主要模特在作秀，其他模特在群体造型中，只有主次穿插、主次

图6–89

图6–90

搭配，才能更好地突出主题，所以两部分缺一不可（图6–91）。

在掌握了以上模特亮相和造型后，可以通过不同的人数，训练模特在台上亮相及造型变化。如单人亮相时，个人是舞台上的中心，充分展示自己的个人魅力是表现的重点，定点位置应尽量在舞台的正前方，造型可随着服装特点或利用饰物、动作来展现。模特在做此部分的练习时应结合台步、表情，让个人整体形象在台上产生强烈的动感效果。多人造型是两人以上的定位造型，每个人只是一个单位，多个人构成一个整体，在舞台上呈现的效果是丰富的。无论一个整体由几个模特组成，都应保持总体构图的和谐

图6-91

均衡。另外，模特的定位除了常规的出场、台前、下场三个基本停留，还有这样的情况出现，即其他模特在动态展示时，另外的模特固定在某个位置保持一个姿势不动，此时模特应注意把握服装本身的特点，尽量用自己的肢体姿态来体现服装的造型，眼睛不要四处张望，把精力集中于舞台的动作，造型不能显得僵硬不舒服，要有一定的美感和张力，当需要动态展示时，与台步的起始动作保持连贯流畅，这样的表演才会显得更加自然。

初学的模特对于定位后的亮相和造型的练习还需花费很长的时间进行。有些模特是先天具有对动作和姿态的领悟能力，有的则是靠后天努力反复练习完善的，但无论是哪种，最好是通过正规的学习训练，使自己内外兼修，形神统一，塑造更有形的肢体语言。

四、转身训练

转身是模特服装表演过程中不可缺少的动作，模特利用转身可以改变行走方向，在模特走台和做造型的衔接时，可以利用转身完成。模特还可以利用转身对服装进行重点展示。转身虽然没有表演步伐和舞台造型那么复杂，但也完全能够体现模特脚下动作和头部、身体其他部位的配合。转身可分为多种形式。

（一）上步转身

以右脚在前的前点脚位作准备，左腿为重心腿，右腿为驱动腿。抬起右脚向前迈一小步，同时转移重心到右脚，左脚跟进，并沿着右脚内侧画弧线，向右侧转动。左脚落地与右脚尖在一条线上，重心又回到左脚上。转动右脚掌、右脚跟，然后头部、肩部也随之向右侧转过来仍为右脚在前的前点定位，此时，身体转向背面，面朝后方接表演步伐返回（图 6–92）。

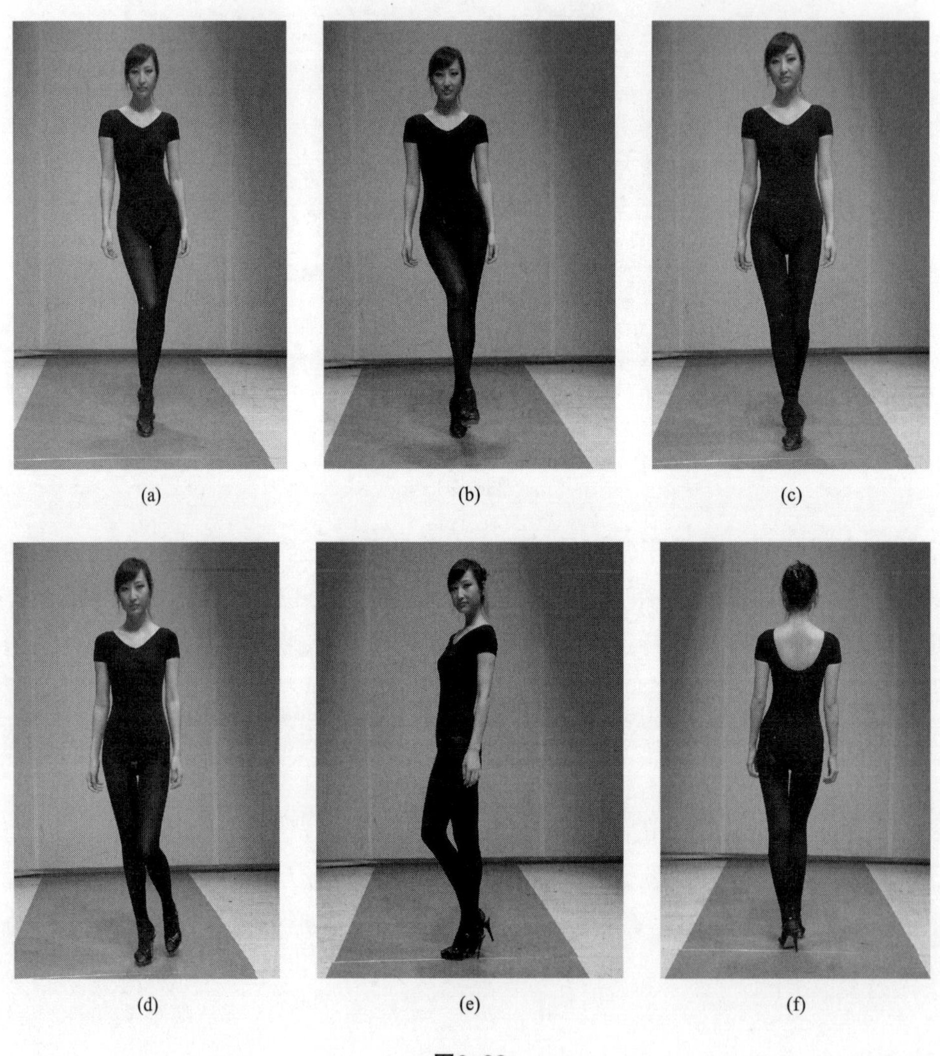

(a) (b) (c)

(d) (e) (f)

图6–92

上步转身还有以下变化：

① 以旁点脚位准备，左腿为重心腿，右腿为驱动腿。抬起右脚向前迈一步，其他动作不变。转身后可呈右脚在前的前点脚位，也可呈旁点脚位（图 6–93）。

② 以后点脚位准备，左腿为重心腿，右腿为驱动腿。抬起右脚向前迈一大步，其他动作不变，转身后呈右脚在前的前点脚位（图 6–94）。

③ 以分立脚位准备，首先转换重心到一条腿上呈旁点脚位后，其他步骤同旁点脚位动作（图 6–95）。

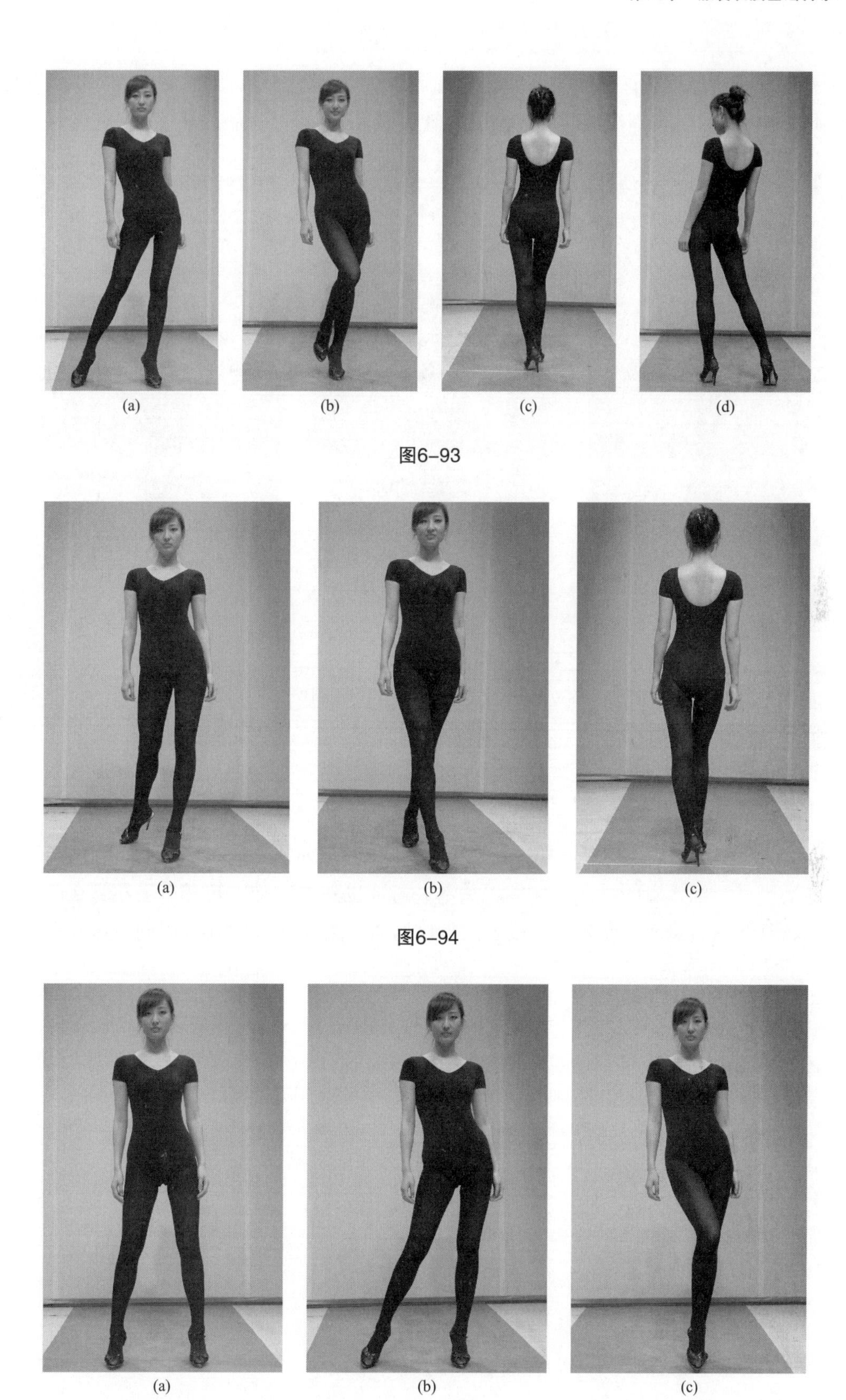

(a)　(b)　(c)　(d)

图6–93

(a)　(b)　(c)

图6–94

(a)　(b)　(c)

图6–95

④ 以交叉脚位准备，左腿为重心腿，右腿为驱动腿。抬起右脚向前方迈一步，其他动作不变。转身后呈右脚在前的前点脚位（图 6–96）。

(a)

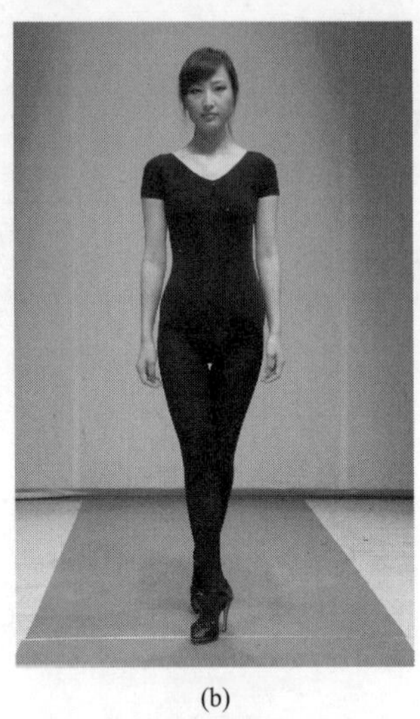
(b)

(c)

图6–96

注意无论是哪种脚位准备，起步时都要先抬起驱动腿并朝向身体中轴线的正前方迈进，脚位不同，迈步的步幅大小有所区别。

（二）直接转身

以右脚在前的前点脚位作准备，左腿为重心腿，右腿为驱动腿。先向身体的左侧转动，转动右脚脚掌，紧接着转动左脚脚掌，头部、肩部也随之转动，转身后呈左脚在前的前点脚位，背部朝向前面，面朝后方接表演步伐返回（图 6–97）；还可以向身体的右侧直

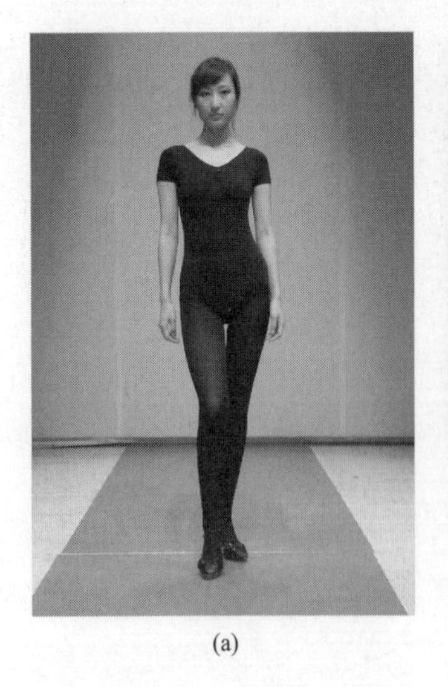
(a)

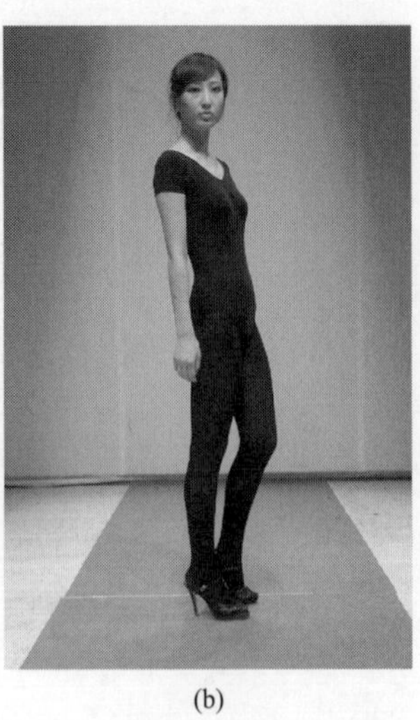
(b)

(c)

图6–97

接转身，准备姿势不变，以左腿为轴转动右脚，并带动左脚向右转动，转身后呈右脚在前的前点脚位，其他不变（图 6–98）。

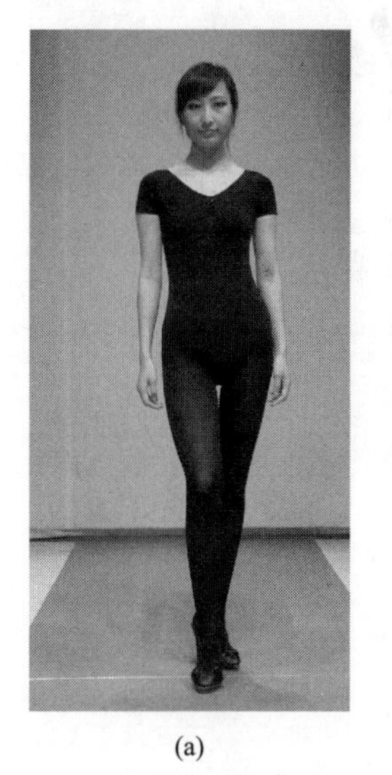
(a)

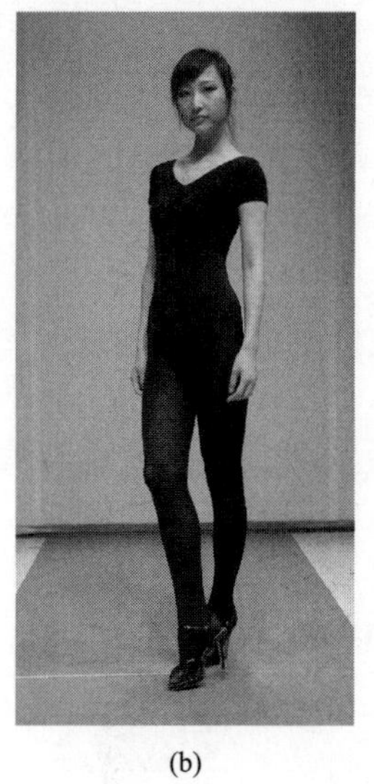
(b)

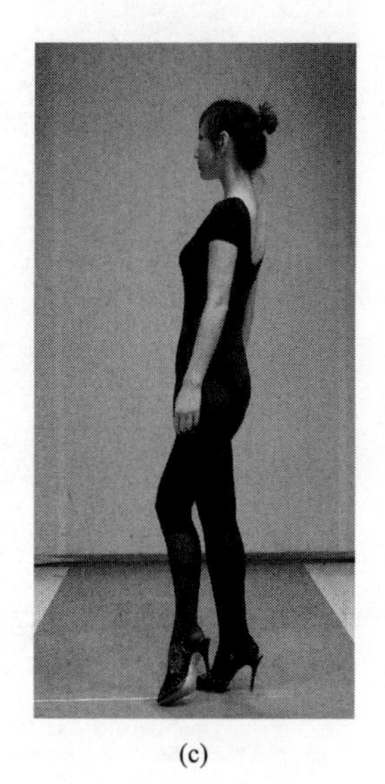
(c)

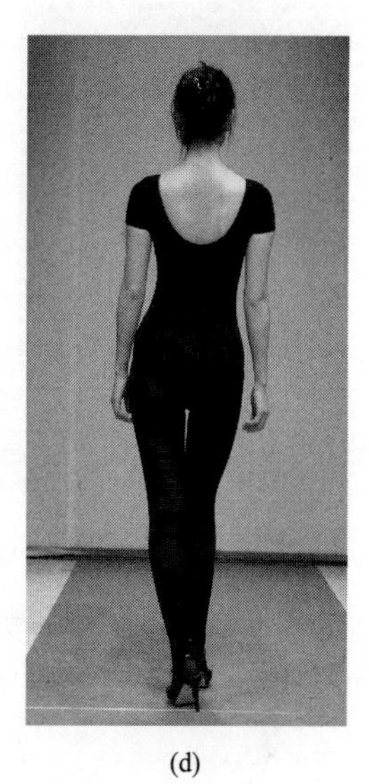
(d)

图6–98

直接转身还有以下变化：

① 以旁点脚位准备，左腿为重心腿，右腿为驱动腿。以左腿为轴转动右脚，并带动左脚向右转动，转身后接表演步伐返回（图 6–99）。

② 以后点脚位准备，左腿为重心腿，右腿为驱动腿，以左腿为轴转动右脚，并带动左脚向右侧转动，转身后接表演步伐返回（图 6–100）。

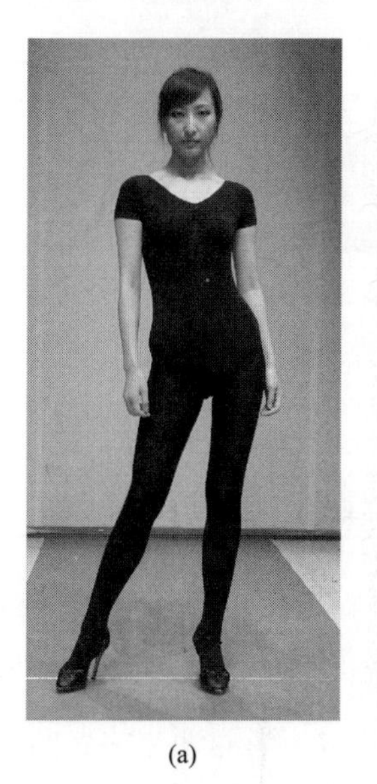
(a)

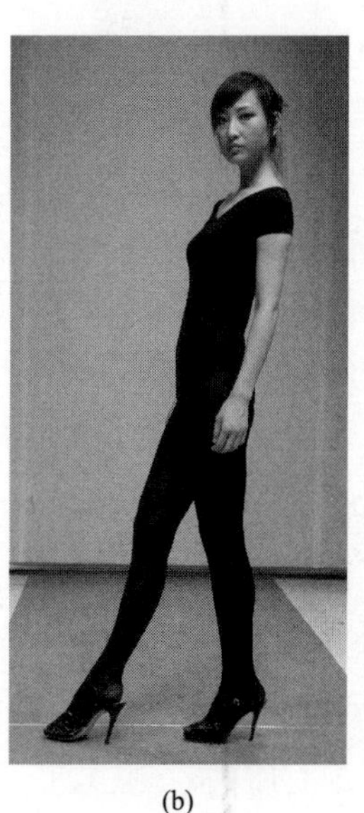
(b)

(c)

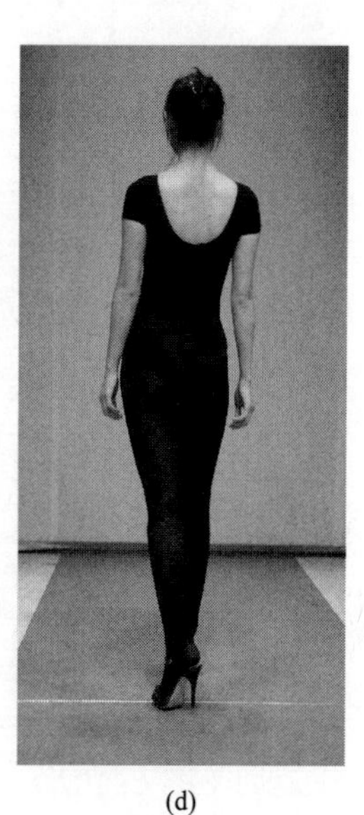
(d)

图6–99

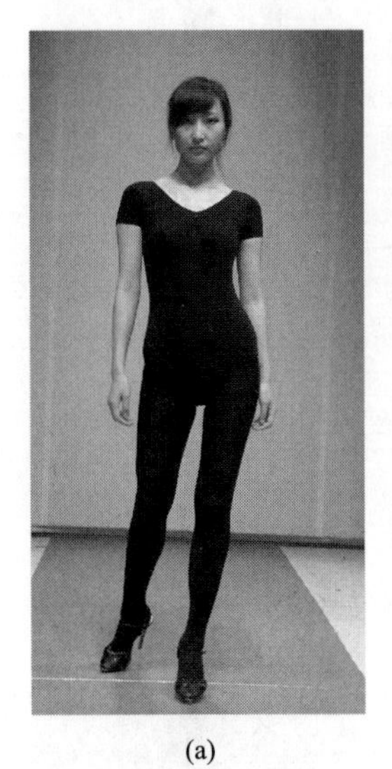
(a)

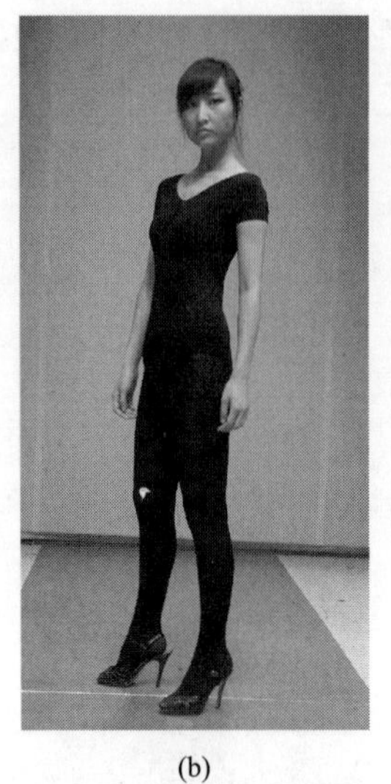
(b)

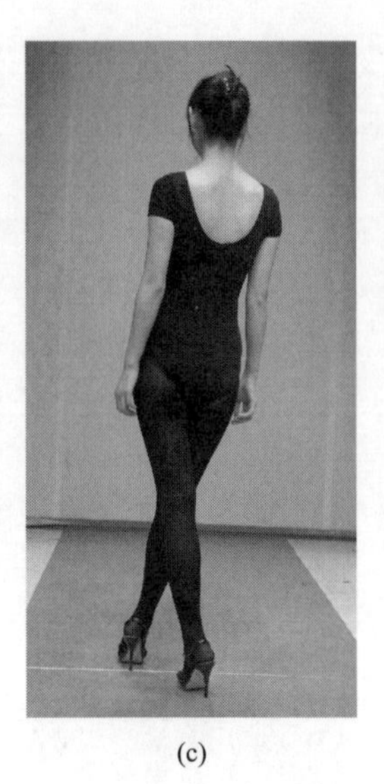
(c)

(d)

图6-100

③ 以分立脚位准备，首先转换重心到一条腿上呈旁点脚位后，其他步骤同旁点脚位动作（图 6-101）。

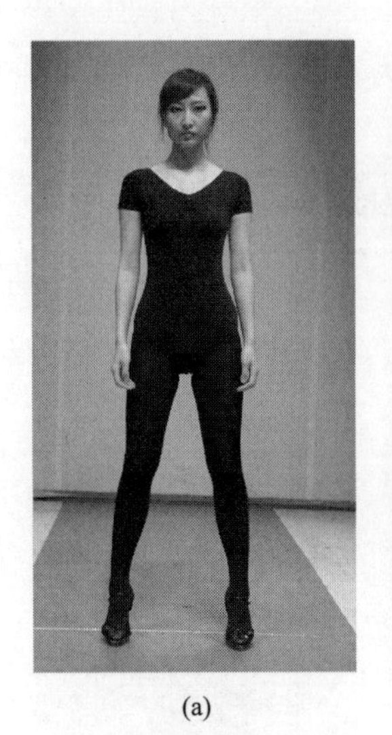
(a)

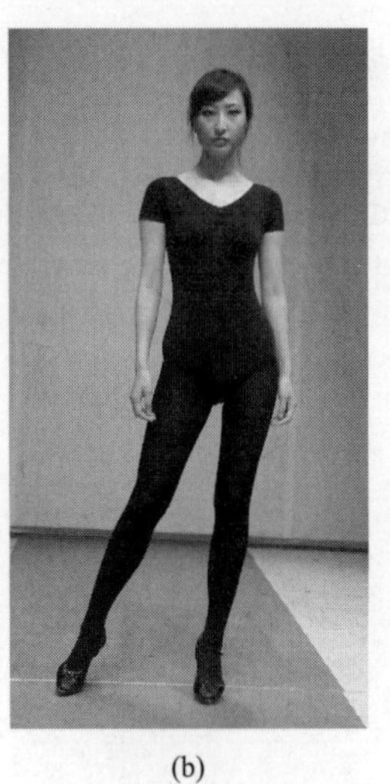
(b)

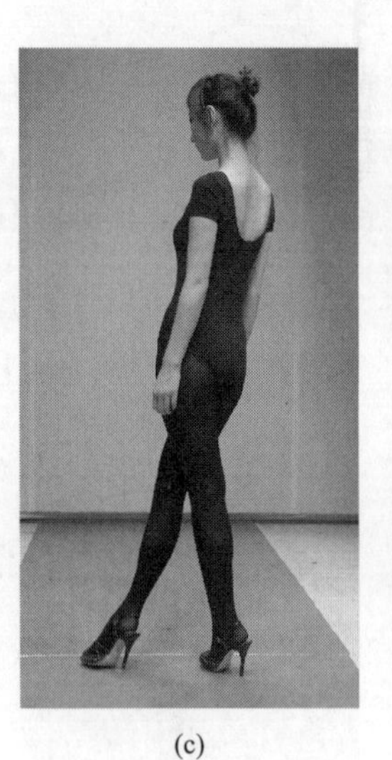
(c)

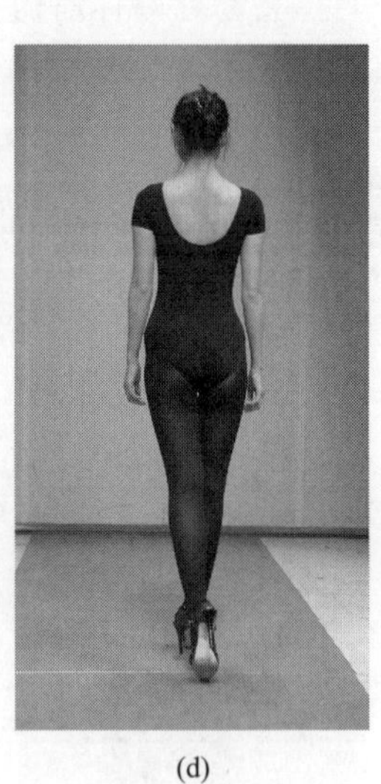
(d)

图6-101

④ 以交叉脚位准备，左腿为重心腿，右腿为驱动腿。先向身体的左侧转动右脚脚掌，紧接着转动左脚脚掌，转身后呈左脚在前的前点脚位，背部朝向前面，面朝后方接表演步伐返回（图 6-102）；还可以转动左脚，并带动右脚向右侧转动，转身后接表演步伐返回（图 6-103）。

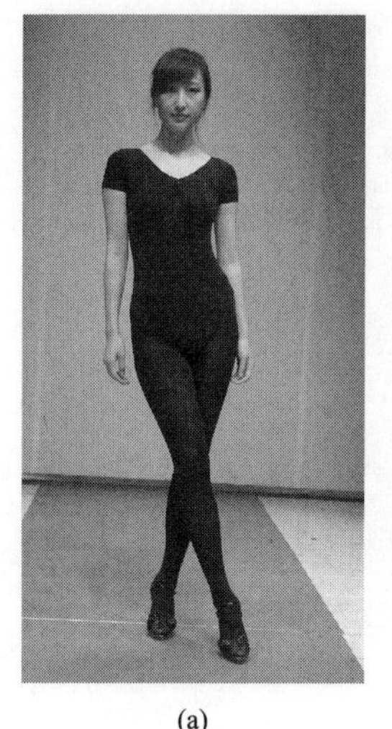
(a)

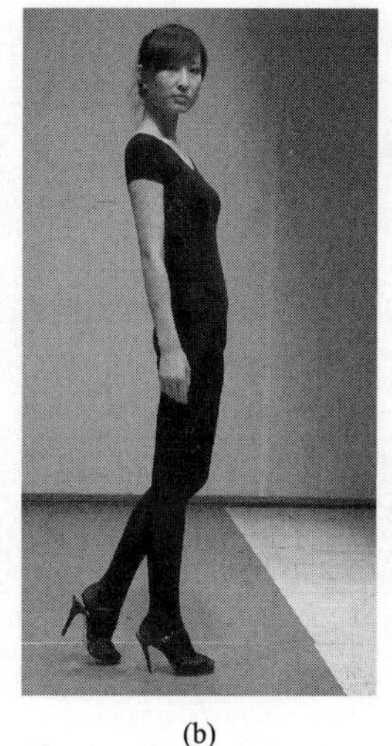
(b)

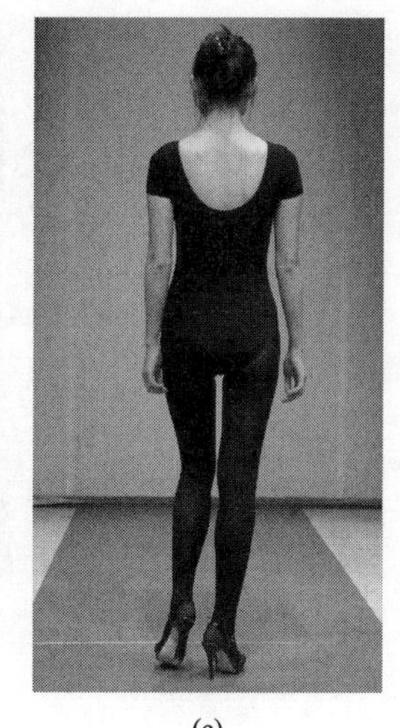
(c)

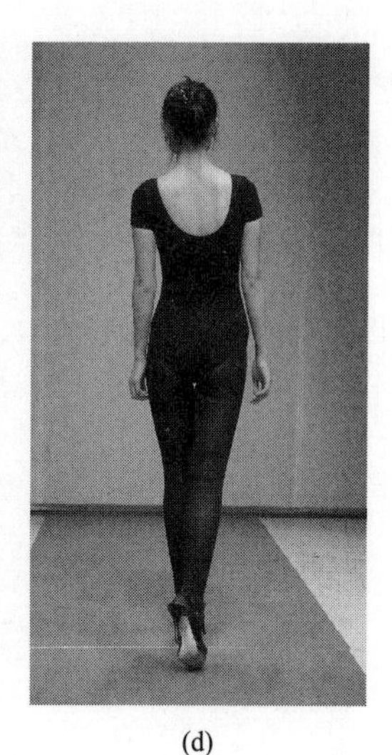
(d)

图6-102

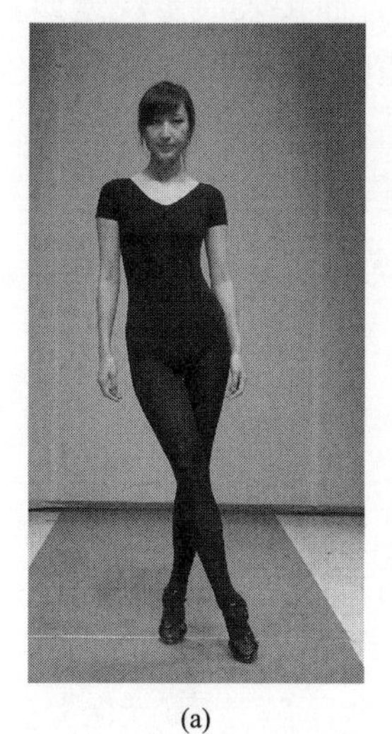
(a)

(b)

(c)

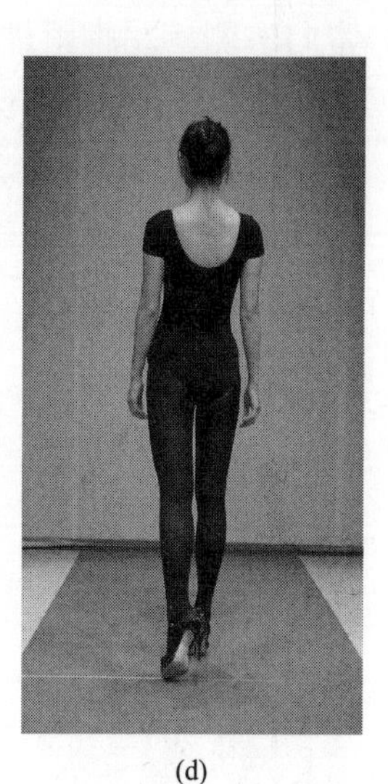
(d)

图6-103

（三）插步转身

以旁点脚位准备，左腿为重心腿，右腿为驱动腿，右脚向左腿外侧方向插步，此时两腿交叉，重心在两腿之间。身体向后转动，先转动两脚，随后是头部、肩部也随之转动，此时，身体朝向背面呈旁点脚位，之后接表演步伐返回（图 6-104）。

（四）退步转身

以旁点脚位准备，左腿为重心腿，右腿为驱动腿。在不改变身体的方向基础上，

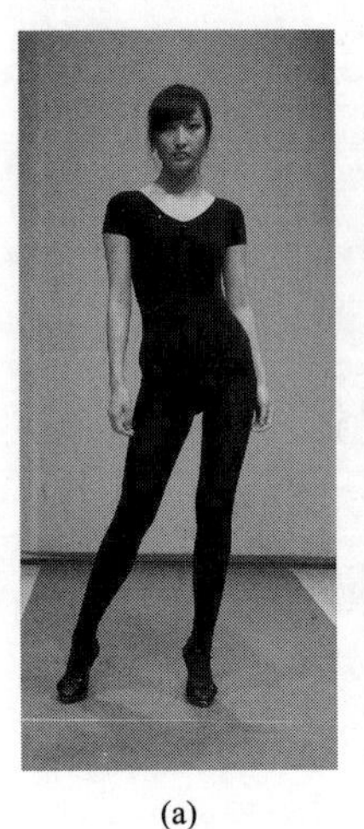
(a)

(b)
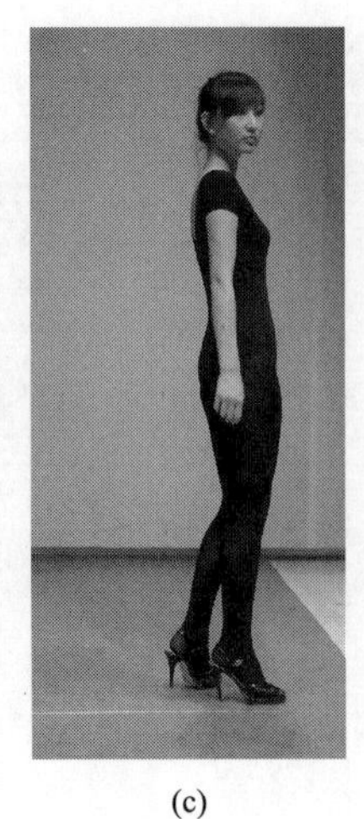
(c)
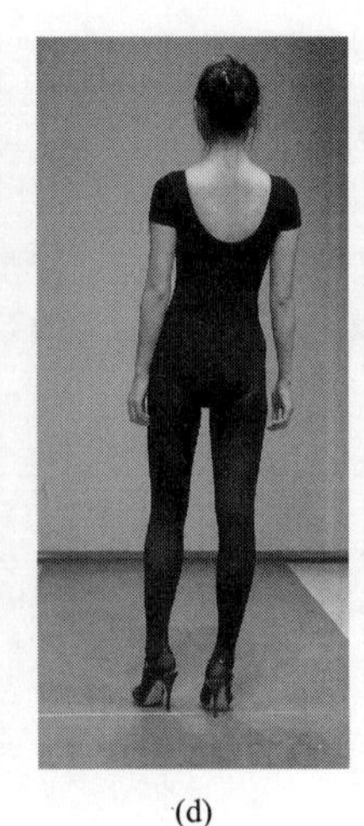
(d)
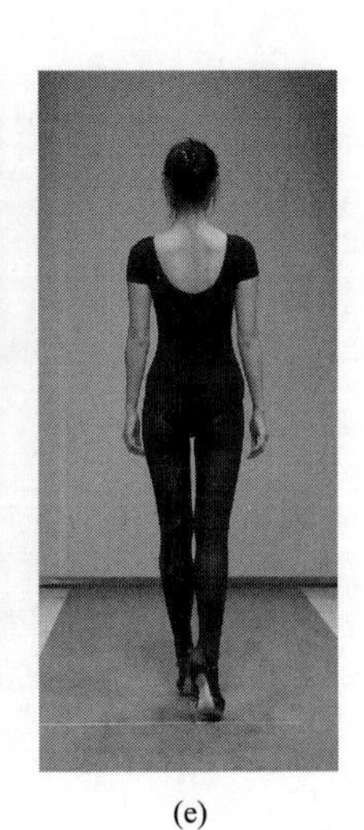
(e)

图6–104

右脚向后退半步，然后左脚再向后继续退半步。当右脚向后退第二步时，同时转动身体向右侧，左脚跟进，头部、肩部也随之转动，此时，身体朝向背面接表演步伐返回（图 6–105）。此转身动作男模特运用居多，在向后方退步时，男模特以平行步为主，而女模特的两脚踩在一条直线上。

(a)
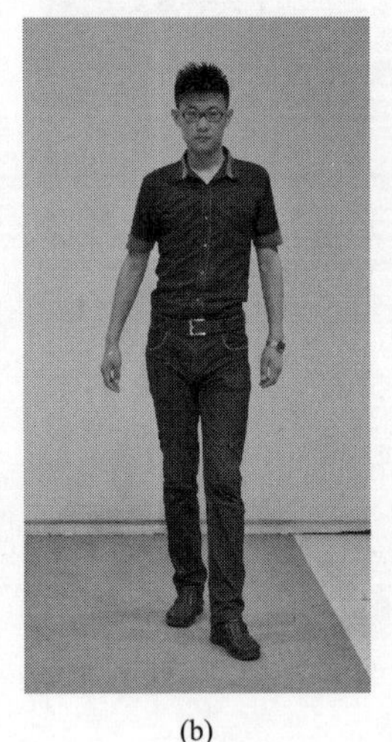
(b)

(c)

(d)

图6–105

退步转身还有以下变化：

① 以前点脚位准备，左腿为重心腿，右腿为驱动腿，其他动作不变（图 6–106）。

② 以后点脚位准备，左腿为重心腿，右腿为驱动腿，其他动作不变（图 6–107）。

③ 以分立脚位准备，首先转换重心到一条腿上呈旁点脚位后，其他动作不变（图 6–108）。

(a)

(b)

图6–106

(a)

(b)

图6–107

(a)

(b)

(c)

图6–108

④ 以交叉脚位准备，左腿为重心腿，右腿为驱动腿，其他动作不变（图 6–109）。

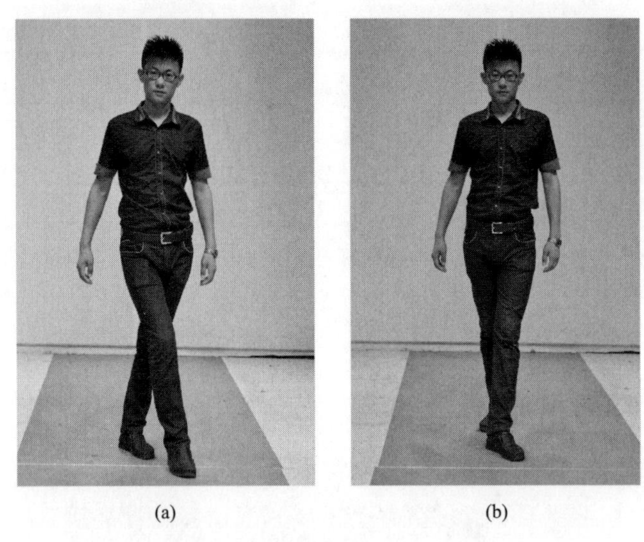

(a) (b)

图6–109

（五）180° 转身

以右脚在前的前点脚位作准备，左腿为重心腿，右腿为驱动腿。右脚在身体前、后分别点地，转体 180°，头部、肩部也随之转动。转身后呈左脚在前的前点脚位，此时，面朝前方（图 6–110）。

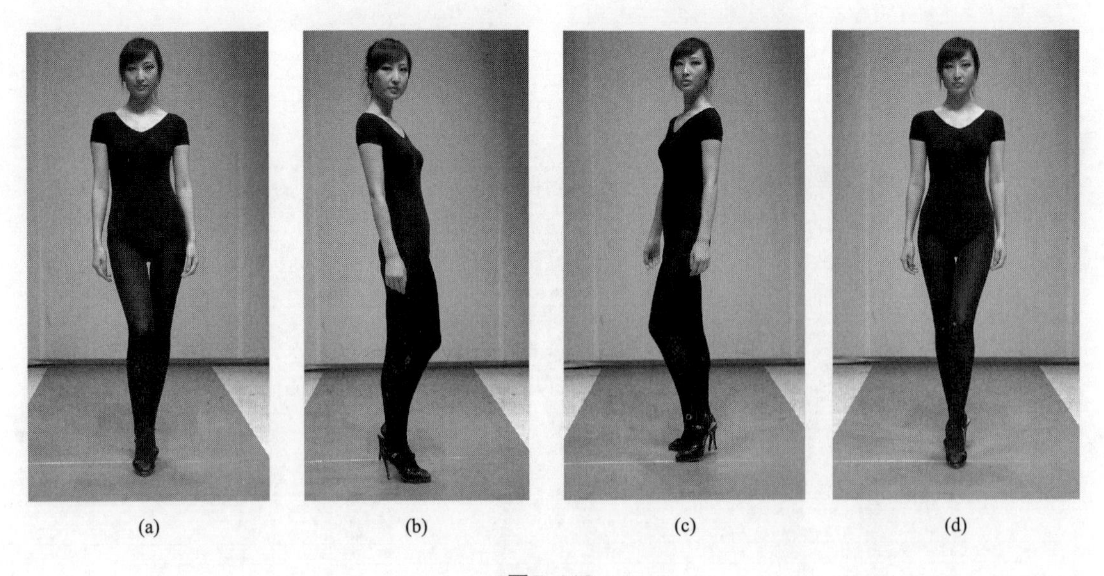

(a) (b) (c) (d)

图6–110

（六）360° 转身

此转身是在模特前行时，在台中运用的转身，常常用来表现裙摆较大的裙装。动作要领是以重心腿为轴，原地转体 360° 。值得注意的是，转身时，双眼要注视前方，直到转身后看不到前方为止。迅速转体一周后，又回到目视前方（图 6–111）。

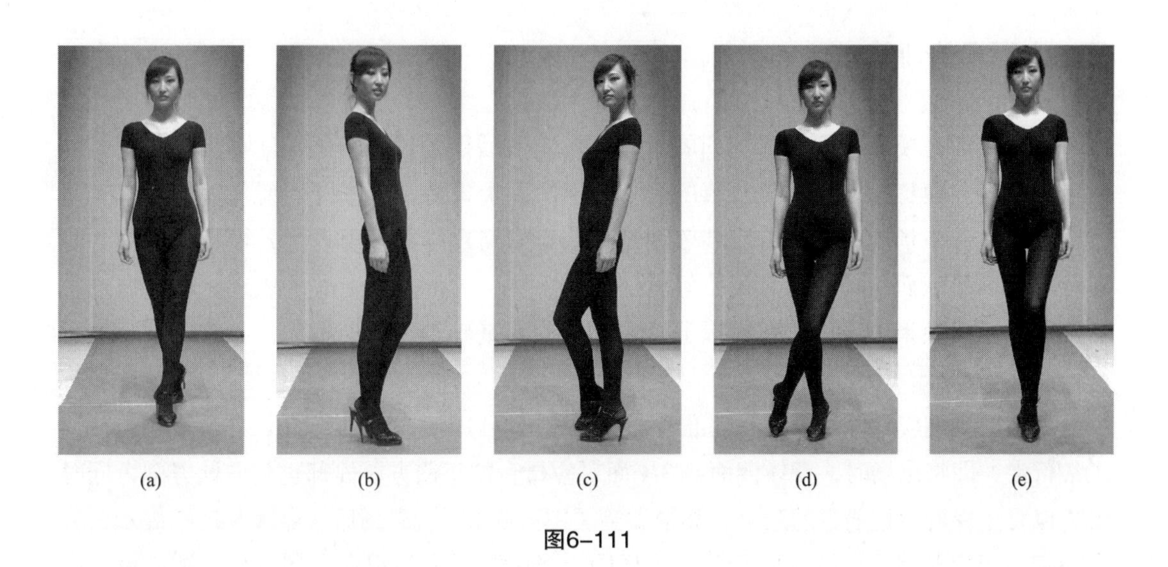

(a)　(b)　(c)　(d)　(e)

图6–111

（七）四步转身

四步转身贯穿在模特行走的过程中，可在台前不做停留时运用，也可造型后运用。首先迈出左腿，右腿紧随左腿方向迈步；然后再迈左腿，右腿再跟进，两脚交替走四步转体 180° ，回到原位（图 6–112）。

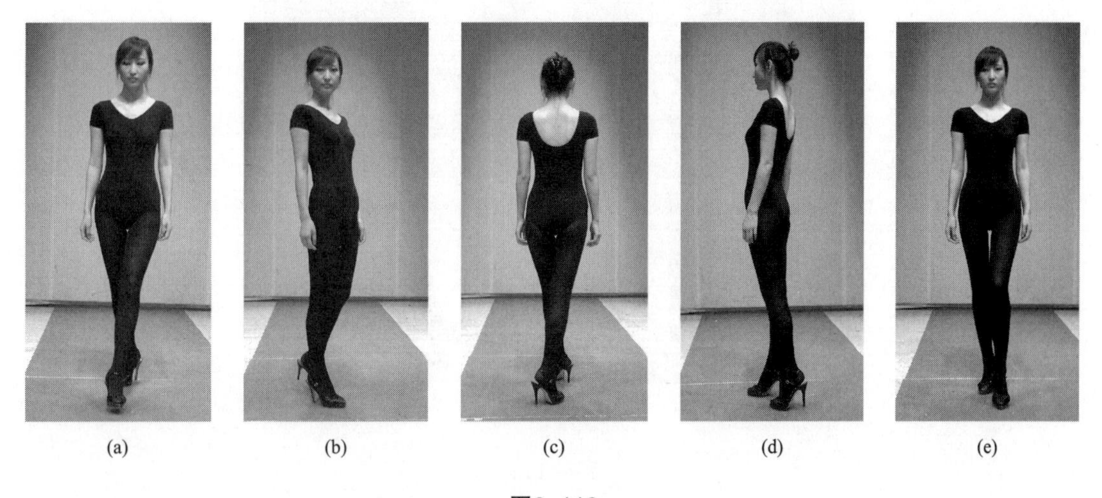

(a)　(b)　(c)　(d)　(e)

图6–112

（八）复合式转身

把以上七种转身方法任意两种或三种相互结合，即可以称之为复合式转身。例如，直接转身与上步转身结合、上步转身与上步转身结合、插步转身与上步转身结合、180°转身与直接转身结合等，此部分可作为学生的课堂练习内容，以此培养学生的创新意识。

五、上下场的训练

上下场即是模特从后台出场到展示完下场走回后台的过程，是保证整个表演完整的环节。有很多模特并不重视此环节的展示，但实际上模特从上场开始就代表着服装表演已经开始，而下场后才意味着服装表演结束。时常有这样的情况发生，模特低着头、驼着背就出场了，而下场时没有定位好就匆匆走下去，这都是不专业的表现，非常有损整场服装表演的效果。所以，在掌握了以上服装表演基础动作的训练后，还应对上下场进行着重训练。

模特上场前应做好充分的心理准备，在距离出场口大约 1 米处定位，连接表演步伐，正常行走。即将出场时，身体侧面或 3/4 面对应舞台的正前方，面部也朝向此方向，同时眼睛也要注视舞台正前方的观众，面带微笑（图 6–113）。出场后按照服装动态展示的要求确定是否定位造型，或是前行等；下场同上场时一样面朝观众走到后台。模特也可以不注视舞台前方上场或下场，但要在上场和下场时侧面朝向观众，之后转向正面朝舞台接表演步伐（图 6–114）。

(a)

(b)

图6–113

(a)

(b)

图6–114

六、面部表情的训练

表情是指通过面部的变化来表达内心的思想感情。模特在进行服装表演时不仅要用肢体来展示服装，也要有表情上的展示。表情是无声的，是模特内心活动的外在体现。有人误认为模特在台上表情应是单一的，就应该是冷傲的。冷傲表情在西方的时装表演中常用，它是表情中的一种。随着服装表演的表现方式不断改变，无论是台步或是表情也应该随之变化。

面部表情包括眉毛、眼睛、唇部的表现，但在服装表演过程中，模特在台上往往通过眼神、笑容等表演来传达服装设计师想要表达的意图，把不同种类的服装通过表情表现得淋漓尽致。具体从两个方面进行训练。

（一）眼神

“眼睛是心灵的窗户”，眼睛最能反映人的内心世界。在针对眼神的练习中，可让学生在镜前尝试各种表情，注意观察眼睛和眉毛的变化。当眼睛做各种表情时，眉毛也会随之传达信息。当眼睛睁大表现纯真无邪的表现时，眉毛会自然而然地展开提高；眼睛微闭，下巴抬起，眉毛也会向下压低，从而传达一种忧郁之情。视线的落点位置也很重要，看得太远或太近，或过于集中注视一点，或茫然四处看都会给人不投入和不专业的感觉，所以通过眼神能直接反映出一名模特的心理活动情况。

正面抬头眼睛平视［图 6–115（a）］。

正面仰头眼睛向上看［图 6–115（b）］。

正面低头眼睛向下看［图 6–115（c）］。

头转动 45° 角，眼睛向侧看［图 6–116（a）］。

(a)

(b)

(c)

图6–115

(a)

(b)

(c)

图6–116

头转动 45° 角，眼睛向前看［图 6–116（b）］。

头向后转动 90° 角，眼睛回头看［图 6–116（c）］。

（二）笑容

笑容集合了眉、眼、嘴和面部的动作。笑分为轻笑、微笑、大笑、狂笑、苦笑、奸笑、嘲笑等。据专业人士研究发现，女人比男人更擅长笑，因此，在舞台上女性模特的笑容更多于男性模特。

在练习笑容时，可以从轻笑、微笑开始练起（图 6–117）。轻笑是抿嘴而笑，表现出委婉羞涩之美，可以用来表现具有东方之美的旗袍、唐装等服装。微笑则是在轻笑的基础上更放开一些，嘴角向上提起，嘴里发出“一”的声音，同时眼睛也要透出“微笑的表情”。微笑表情应用广泛，比如穿着晚装、便装时都可以微笑。当穿着活力装、泳装、休闲装时可用大笑的表情。大笑就要把牙齿露出来，但注意牙龈不要露出来，露出八颗

(a)

(b)

(c)

图6–117

牙齿较为完美。刚开始练习时，会使人觉得脸部肌肉僵硬，有些发假。但经过一段时间的练习，表情会逐渐从“虚假”到“真实”。训练时可以在上下齿之间放一根筷子，嘴形会自然出现大笑的表情。但如果模特的牙齿不整齐就很忌讳露牙齿了。

总之，要根据模特自身的特点、服装的风格来确定自己的表情，每个人都有最美的角度、最好的表情，可以自己观察，也可以让其他人看自己最适合的表情是怎样的，有时冷表情也会折服很多观众（图 6–118）。在舞台上表演，让观看者对模特产生一定的距离的同时，模特也要更具亲和力（图 6–119），把握好表演的尺度，内紧外松、张弛有度，发挥表情的艺术魅力才是表演的最高境界。

(a)

(b)

(c)

图6–118

(a)

(b)

图6–119

（三）表情中的“喜”“怒”“哀”“乐”

服装表演作为一种综合性比较强的表演艺术，也可以称得上是一种现代的表情艺术。服装表演者，模特通过一定形式的表演，在对其所塑造的艺术形象进行情感体验的同时，进行二次创作，并将这一艺术形象作用于观众的听觉和视觉，只有通过表演，这一过程才能实现。表演性和表情性是表情艺术的显著特征。这两个特征在服装表演中均有十分明显的体现。而服装表演中，模特表情中的“喜”“怒”“哀”“乐”的变化则丰富了模特的表演，模特利用这种表情的变化来达到塑造艺术形象的目的。在模特进行服装表演的过程中，模特的面部表情的变化以及丰富的肢体动作和步态以及模特传达出来的艺术情感充分体现了表情性这一特点。可以说，如果没有了表情，也就没有了艺术情感，没有了艺术形象的塑造，服装表演也就变得没有了灵魂，也就称不上真正意义上的服装表演了。

在一场服装表演中，模特需要根据表演的主题、服饰的灵感来源、服饰色彩传达的情感来调整自己的表情。例如：在服饰色彩明快，表演主题欢快的服装表演中，模特需要适当地调整自己的面部肌肉，配合适当的肢体动作来塑造出一个“乐”的艺术形象，传达出一种欢乐的情感。在一些婉约、内敛的服装表演中，模特则需要塑造出一种适当的“哀伤”，使自己的表演融合于这种凄美的意境之中。这个时候，“喜”“乐”明显是不合适的。在一些主题比较另类，服饰设计比较前卫，个人特色比较鲜明的服装表演中，模特则需要根据表演的情境塑造出一种或“哀”或“怒”的表情，来迎合鲜明的主题，从而完成艺术形象的塑造和艺术情感的表达。而这种或“哀”或“怒”的表情，通常能够使模特表现出一种高冷的姿态，从而使整个表演给人一种大气而不可超越的感觉。这在当今的 T 台上也是最为流行的。

模特应该学会把握表情中的“喜”“怒”“哀”“乐”。首先，模特需要认识到，表演表情中的“喜”“怒”“哀”“乐”并不是真正意义上的“喜”“怒”“哀”“乐”，这只是表演中的技巧运用和适当的情感表达。其次，服装表演表情中的“喜”“怒”“哀”“乐”并不是彼此孤立，互相对立和分割的。它们统一于一个整体。最后，模特在表演中，要充分运用这些不同的表情，适当地加以变化和糅合，才能创作出高品质的艺术形象，将情感丰富的艺术形象传达给观众，引起观众的共鸣（图6–120）。

(a)

(b)

(c)

(d)

图6–120

七、节奏感的训练

音乐对于服装表演是重要的，美妙动听的音乐能够激发模特对表演的创作灵感，同时带给观众无限的享受。模特如果能够恰当地把握好音乐节奏，并在此基础上升华对音乐的理解，并运用到服装展示中，会使表演更加完美。在服装表演基础训练的过程中，节奏感处处可以体现，模特对节奏感的把握应做到以下几点。

（一）了解不同音乐的风格

音乐可分为古典主义、浪漫主义、巴洛克、乡村、摇滚、爵士、电子乐等风格，模特应了解哪种风格的音乐适合哪种服装表演，并多听各种音乐酝酿感情，这对节奏感的训练很有帮助。

（二）加强节奏感的训练

熟悉不同种类的音乐后，掌握每种音乐的基本节奏，当听见一首陌生的曲子时，先用手打节奏，或用脚掌点地踩出节奏的方式练习，到正式表演时，就只能用脚下的步伐跟着节奏调换步履表现对于节奏的理解。在日常生活中说话音调的抑扬顿挫、走路的轻重缓急无不体现出了节奏，实际上，有经验的模特都知道，除了步伐有节奏，在台上的每个定位造型、每次转身，包括上场和下场都是蕴含节奏的，这是内心节奏的控制和外部动作的表达，所以，即使没有音乐的伴奏，也能够按照正常的节奏表演。

（三）掌握不同节奏的走法

音乐是有节奏的，节奏紧凑的音乐可以使模特有一种紧迫感，迫使自己跟上节拍。但不是所有的表演音乐都选用快节奏的，音乐的节奏应视服装风格而定。

根据不同的服装，服装表演所用的音乐主要分为快速节奏、中速节奏、慢速节奏三种。快速节奏适合活力装，以使观众有动感强的感觉。中速节奏音乐可分为舒缓型的和强劲型的，适合展示休闲装、职业装。一般情况下初学者应先以强劲型的中速节奏为主，掌握后再练习快速节奏，之后练习慢速节奏。慢速节奏是最难把握的，慢速节奏也最能体现模特脚下基本功的掌握程度。节奏放慢后实际上也是把各局部动作进行分解，所以，对于每个动作细节都要求较高，经过长时间的训练后方能找到最恰当的符合身体重心的方法和规律。晚装、旗袍应选用慢速节奏的音乐，通过这样的速度才能更好地衬托出服装的庄重、典雅、高贵。具体练习方法如下：

1. **快速节奏的步伐练习**　快速节奏的步伐练习，模特可穿着平底鞋或高跟鞋，旁点脚位准备，出驱动腿向前迈步，步幅适当放大；脚跟不要踩实，甚至可以略带弹性；身体自然舒展；手臂和胯部随着音乐的动感用力摆动。

2. **中速节奏的步伐练习**　中速节奏比较容易掌握。身体重心要稳，肩部、手臂不能过于随意；胯部可以适当摆动，用力点在两腿之间。此节奏要充分体现步态的从容，情绪的深沉。

3. **慢速节奏的步伐练习**　把步伐速度适当减慢，就像把模特步伐进行分解一样，每个局部动作在音乐节奏的伴奏下清晰、舒缓、平稳地展示出来，脚下用力踩实，身体重心靠向后方，双肩打开切忌摇晃。

节奏感的训练应结合前几部分的内容共同进行，让模特在每部分的训练中都能够自然而然地随着节奏进行。数节拍能帮助模特找到节奏的规律。

八、服装表演基础综合训练

在学习了以上服装表演基础的七大方面内容之后，对于模特来讲，便掌握了模特走台的基本要领，为成为一名合格的表演模特打下了基础，这也是模特从课堂走到“T”台的必然过程。服装表演专业的教师可以通过以下综合训练来考核学生对于服装表演基础内容的掌握程度。（列举两种综合训练形式，专业教师以此类推，把学过的知识进行结合并变换形式进行训练。）

正面朝向观众上场 + 一字步 + 前点脚位 + 单手叉腰 +3/4 面抬头 + 上步转身 + 一字步 + 面朝观众下场。

侧面朝向观众上场 + 旁点脚位 + 交叉步 + 分立脚位 + 双手叉腰 + 正面低头 + 直接转身 + 交叉步 + 不定位直接下场。

最后，还应明确整个表演的流程，即模特候场→出场（出场定位造型）→走到台前（表演步伐、走台线路、表情运用）→前台造型→转身→走到后台（下台的最后定位造型）→下场。在此过程中，当模特走到台上时应注意整个人的精神面貌，把在后台训练的最好状态带到舞台上，上台和下台时，身体和面目朝向舞台前侧观众区域。

随着时代的发展，服装表演的表现方式也在不断发生着变化，对于模特来讲，无论是台步或是定位造型，都应随之变化。作为优秀的走台模特，除要掌握基础训练外，还应不断挖掘，找出适合自己的肢体语言，用自己特有的方式来体现服装设计师的意图和服装的特质。

小结

1. 站立姿态训练在每次课程中都要进行，要充分了解自己的体型，有选择地进行站姿训练，并利用课余时间来纠正和改善体态。

2. 表演步伐的辅助动作练习应配合各种音乐有节奏地进行。胯部练习主要是针对女模特来说的，还需要强调的是在做胯部练习时，注意身体的用力点和协调性。手臂要根据服装的风格和衣袖的特点有选择性地摆动。基本表演步伐分为“一字步”“交叉步”和“平行步”。特殊步态以光脚、踮脚、跑跳步、上下台阶为重点。

3. 定位分为“亮相”和“造型”两部分内容，要注意两者之间的关系。亮相分为脚位、手位、头位等练习；造型主要练习群体造型。

4. 对于转身，目前在服装表演中最为常用的是侧步转身，上步转身适合女模特，退步转身男模特比较常用，360° 转身有难度，但适合裙装展示。虽然有些转身对于男模特来讲不适合，但对于本科专业学生来讲都应掌握，并从亲身练习中体会总结。

5. 上下场的训练可以目视观众上场、下场，或不看观众上场、下场。两种方法也可以交叉运用。

6. 服装模特在表演服装时不是单纯地运用肢体语言，很大程度上从表情上更有表现力。模特在台上往往通过眼神、笑容等表演来传达服装设计师想要表达的意图，把不同种类的服装通过表情展现得淋漓尽致。

7. 在服装表演基础训练的过程中，节奏感处处可以体现，除了步伐有节奏，其实在台上的每个定位造型、每次转身，包括上场和下场都是蕴含节奏的，这是内心对节奏的控制。

8. 最后的服装表演综合训练，即通过所学习过的内容进行完整性地练习。

思考题

1. 站立姿态分为几种？男女模特在站立时所遵循的规则是什么？

2. 表演步伐的辅助动作包括哪两种？具体动作是什么？

3. 基本表演步伐的动作要领是什么？请从男女模特不同角度来叙述。

4. 特殊步态表现为几种？除此之外结合目前服装动态展示，试列出两种步态并示范讲解。

5. 通过观看服装动态展示的视频以及自身在舞台上的表演，总结除教材中讲解的脚位以外的其他脚位。

6. 男模特与女模特的手位造型有何区别？

7. 请结合脚位、手位、头位、躯干变化，做出十种整体造型。

8. 群体造型分为几种？请选择其中两种进行演示。

9. 服装表演的转身分为几种？请分别示范说明。

10. 变换出五种复合式转身方法。

11. 演示服装表演的整个流程，从候场到出场到台上的整个表现到下场，要求运用所学习过的服装表演基础的具体内容，走台过程要完整流畅、步态要标准、造型要到位、转身娴熟、表情自然、节奏要准确。

应用理论与训练

服装模特面试

课题名称：服装模特面试

课题内容：服装表演面试类型

服装表演面试流程

模特面试准备与注意事项

课题时间：4课时

教学目的：使学生明确服装表演的面试类型、流程以及在面试时的准备和注意事项。

教学方式：讲授

教学要求：1. 掌握服装表演的面试类型。

2. 掌握服装表演面试的流程。

3. 了解模特面试的准备与注意事项。

第七章　服装模特面试

服装模特在其职业生涯中会接触到多次演出前或是大赛前的面试机会，演出主办方会花费一定的时间，通过不同方式，找到适合的模特。而对于模特来说，利用自身优势以及面试中的出色发挥，顺利地进入到演出名单之中，对其职业生涯发展是至关重要的。

一、服装表演面试类型

综合多种服装表演类型，服装表演面试的类型大体可分为三种：经纪公司推荐、模特自荐以及设计师或设计品牌单位的举荐。

（一）经纪公司推荐

经纪公司推荐是指模特所签约的经纪公司在合约内，为模特所提供的服装表演演出的面试机会，通常此类面试类型模特经纪公司与举办方的合作较为直接，经纪公司会根据设计师的想法挑选出一个模特范围，并通过模特卡或是现场面试进行最终模特名单的确定。

（二）模特自荐

模特自荐是指个体模特不通过模特经纪公司或是经纪人，独自按照演出主办方的要求前去参加面试。此类型面试竞争力较大，应试模特需要在短时间内让设计师或是主办方了解并且认可，因此模特需要在面试前做好相应的准备，包括模特卡、个人简历、参加演出或是比赛的经历、对演出内容的前期了解以及面试过程中对于问题的解答。

（三）设计师或设计品牌单位的举荐

设计师或设计品牌举荐是专指在演出策划阶段，设计师或是品牌有心仪的模特人选，并希望邀请其参与到演出之中，在经过模特与主办方的沟通之后达成参与演出的合作。此类面试适用于知名模特或是演出主办方特指模特，竞争较少。

二、服装表演面试流程

服装表演面试是服装表演策划部分的一个重要流程，主办方会根据演出需要设定具有针对性的面试流程，最终确定模特人选。通常服装表演面试流程并不复杂，大体可分为三个阶段：初选、复选与模特试装。

（一）面试初选

初选阶段，主办方需要在较大的模特选择范围内（模特现场选择或模特卡）挑选出符合演出基本条件的模特。基本条件的设定是围绕在演出的整体内容之中，包括服装的款式与风格、表演主题、模特肤色的要求、演出风格与模特气质的吻合度等。

（二）面试复选

经过初选之后，主办方会进行复选。复选内容主要为个人情况了解以及走台观测。首先，设计师或者主办方负责人会向进入复选的模特提出问题，包括身高、三围、比例以及演出经历，有的设计师会提问模特对于此次演出的了解与认知。其次，主办方会在面试场地进行短暂的走台观测，模特需按照其要求进行非正式的走台。通过走台过程，主办方可以清晰地了解到该模特的肢体协调性以及是否符合演出的要求。

（三）模特试装

通过初选、复选之后，入围演出的模特基本可以确定，但还需要通过试装进行模特与服装安排上的调节。在模特试装过程中，模特会穿着演出当天的服装进行非正式走台，设计师会根据走台效果以及模特的上装效果进行服装分配的调节以及最终模特任用的选择。

三、模特面试准备与注意事项

“知己知彼，百战不殆”，模特在职业生涯发展过程中需要珍惜每一次演出机会，并付出全力，方可在职业生涯的道路上越走越远。因此，在参加演出面试之前，需要做好相应的准备，包括发型、妆面、着装、模特卡的制作等。

（一）面试前的准备

在面试之前首先要确定面试时间，如在上午需提前出发，避免因交通拥堵而造成迟到，给面试人员造成不好的印象；如时间在下午，则需要调整状态，将最饱满的神情展现给面试人员。

其次，在参加面试前需要将自己的发型、妆容进行处理。由于服装表演面试是根据服装挑选模特，因此模特在发型以及妆容上需简洁、干净，突出自己的自身优势，切忌浮夸、浓艳的造型，以免造成“画蛇添足”的效果。

最后，在选择着装方面，需简洁、大方，颜色上尽量选择纯色为主，给设计师更多的空间。此外，模特卡的制作与携带至关重要，以方便设计师或是主办方过后重温。

（二）面试注意事项

1. **模特卡的制作** 20 世纪 90 年代开始，欧美服装表演行业为规范模特产业，并提高演出效率，开始实行模特卡这一方式，模特卡如同每一个模特的行业“身份证”一般，它代表着模特在专业上的基本信息，以及模特近期参与的演出或是比赛信息。因其小巧并方便设计师快速观看，受到了行业内的认可。所以，模特卡的制作对于模特参加面试来说至关重要。

模特卡的制作需要注意以下几点原则：简洁、全面、排版合理。

（1）制作简洁：模特卡在制作上需要外观简洁。在设计师翻看模特卡时，由于数量较多，需要在短时间内进行选择。因此，在制作上切忌复杂，简单的卡片状最佳。此外，在颜色上尽量避开亮度高、浓度高的颜色作为模特卡的背景颜色，以免造成设计师的视觉疲劳。

（2）内容全面：一张模特卡包含着该模特重要的专业信息，包括姓名、身高、三围、体重、比例等内容，同时还需要附上近期所拍摄的艺术照片以及演出照片，让设计师对模特有一个全面的了解。但在照片的选择上要选择较为清晰的照片，同时照片尽量选择全身照片，使设计师了解到全身的着装效果。

（3）排版合理：当内容、风格设计好后，最重要的就是排版方式。一张模特卡需要在有限的范围内，将所有信息展现其中，排版合理是十分重要的。通常在模特卡中模特的信息在左边，模特的近照在右边（图 7–1），模特基本信息需纵向排版较为合理，字体

图7–1

上需要清晰。图片在排序上也要有主次分别，较为满意的照片可放大或是放到最佳位置，次要照片可进行对称排列，给观看者整齐的效果。

2. **面试环节的注意事项**　在面试过程中，模特现场的表现直接影响到最终的结果，因此在现场面试环节中，需要注意以下事项。

（1）仪态端正：模特在现场参加面试时，需要仪态端正，不能因时间较长或是心情较差给设计师或是工作人员留下不好的印象。

（2）自信表现：对于新人模特，在进行面试时会出现不自信、紧张的情况，这会直接影响现场发挥的水平。因此，保持一个良好的心态，将面试作为一场日常练习去进行，保持自信的感觉。

（3）积极配合工作：面试环节是主办方进行思考、研究的重要环节，主办方会设计几个或是多个环节进行模特的筛选，因此模特需要配合工作人员完成挑选，不要抵触工作人员的工作，展现出模特的专业素养。

（4）心态平和：无论面试结果怎么样，模特都需要有一个平和的心态去面对。如成功被选中，不要过度骄傲，需在演出前几天保持良好的演出状态，并充分了解品牌文化以及要展示作品的主题与内涵；如未被选中则不要气馁，和工作人员礼貌性地沟通，并提交模特卡或是简历，期待之后的合作。

小结

1. 服装表演的面试类型分为：经纪公司推荐、模特自荐、设计师或设计品牌单位举荐。

2. 服装表演面试流程包括：面试初选、面试复选、模特试装。

3. 模特面试前的准备：准时、妆容与发型、着装。

4. 模特面试的注意事项：模特卡的制作（简洁、全面、排版合理）、仪态端正、自信表现、积极配合工作、心态平和。

思考题

1. 服装表演面试类型分为几种？

2. 服装表演面试流程包括什么？

3. 模特参加面试前的准备？

4. 模特面试的注意事项有什么？

应用理论与训练

服装模特职业拓展

课题名称： 服装模特职业拓展

课题内容： 模特经纪公司的运营模式

模特经纪人的专业素养

模特向模特经纪人的转化

课题时间： 4 课时

教学目的： 使学生明确模特经纪公司的运营模式，模特经纪人所具备的专业素养，以及从模特如何向模特经纪人转化。

教学方式： 讲授

教学要求： 1. 了解模特经纪公司的运营模式。

2. 了解我国模特经纪公司的发展现状。

3. 了解模特经纪公司的功能。

4. 掌握模特经纪人的专业素养。

5. 掌握模特向模特经纪人转化的优势。

第八章　服装模特职业拓展

一、模特经纪公司的运营模式

模特经纪公司是模特表演的中介机构。模特经纪公司为不同的客户介绍他们要求的模特，为各个模特提供合适的演出机会。模特经纪公司掌握着签约模特的档案包括身体条件、文化素养、获奖情况、表演经历、爱好特长等全部资料，以便向有需求的客户推荐。模特经纪公司的实力是靠模特经纪人的水平、签约模特的数量与条件、模特的演出档次等因素体现的。模特经纪代理公司会对已经签约的模特进行各方面的推广和宣传。对于名模或是具有明星潜力的苗子，经纪公司会利用各种媒体、专业网站和录像带等宣传手段对模特进行更系统更全面的包装。经纪公司组织的这些必要的宣传推广活动主要是为了扩大模特的影响力。另外，经纪公司安排模特参加各种聚会与礼仪场合，对模特自身的发展和成名也有益处。模特经纪公司与模特签订合同，在合同有效期内经纪公司安排模特的宣传、演出活动，帮助模特做出客观而有效的判断与决策是模特在经营上的全权代理人。模特经纪人是模特与市场之间的桥梁和纽带，是有经营头脑的模特市场专家。模特要虚心听取他们的指导和建议，这样才有足够的精力关注本身的表演质量和完成好表演之外的学习、工作，更好地发挥自己的潜力。模特必须要遵守合同的各项条例，自己承接广告演出或其他模特活动之前一定要与模特经纪人单独谈判，对每一项业务活动模特必须交纳的佣金签订合同。

（一）模特经纪公司的发展

从 20 世纪初开始，模特逐渐开始进行关于服装和其他配饰的展示工作。有些模特能从众多竞争者中脱颖而出，引领潮流的原因不仅仅是因为他们的职业本身，幕后经纪人团队的全方面打造也至关重要。随着行业的发展，一个模特的发展相比以往更加需要其他人员管理和策划自己的职业生涯。

随着近些年来各方面对模特的需求量极速增加，模特经纪公司也开始更加成熟，规模也变得不同往日了。 模特经纪机构早已从最原始服装展示，服装表演机构转向为时尚推广机构，模特经纪机构依旧以京、沪、穗三地为时尚核心，并形成我国模特行业的“金三角”。其他如浙江、江苏、山东、四川、福建等主要省份，其品牌需求占据“金三角”

以外一半以上的份额，为模特经纪公司的发展创造了绝佳的条件。随着我国经济业和时尚业的急速壮大，各个国际大品牌在我国进行抢滩登陆。很多本土品牌也抓住时机在国际时尚舞台一展身手。我国的模特伴随着大条件和经纪公司的努力下逐渐走向世界舞台。成为国际四大时装周不可小觑的新势力。另一方面，几大世界知名的模特经纪公司也发现了中国的市场潜力，纷纷把发展中心转向中国市场，在我国举办各种大型模特比赛，设立各种奖项，希望可以从我国发现模特新面孔收归旗下进行培养和推广。有些大型公司为了快速挖掘中国市场，甚至在北京上海等地设立国际分公司。我国涌现的模特经纪公司同样飞速发展，并且与国外经纪公司有些非常好的合作，也经营着国外模特的发展。我国的模特经纪公司也不再单一，开始走向国际化、多样化、专业化、产业化的多元化发展方向。

（二）模特经纪公司的功能

1. **发现新模特**　模特是模特公司的“产品”，模特公司是以销售“产品”而生存的。没有好的产品，公司就无法盈利，因此不断“开发”和“制造”新产品是模特公司的头等大事。经纪公司必须准确把握流行趋势，了解当下的市场需求，根据模特面试率的情况分析模特发展走势，从而能够从各种渠道发现有潜力的新模特。国外发现新模特的途径一般是通过摄影师、赛事、星探、专业人士推荐，尤其是优秀的摄影师是发掘好模特的关键因素。模特大赛是模特走向职业道路的捷径，我国模特绝大多数是源自各类模特大赛。也有很多时候，模特经纪人会通过有服装表演专业的高校、模特培训机构等去寻找新面孔。公开面试也是方法之一，一些经纪公司通过演出的面试或者招聘工作接待这些想要成为模特的少男少女们。

对新模特的挑选是经纪公司必须要面对的重要问题。普通的模特经纪公司首先会安排模特进行一些小型演出的工作，例如某些摄影师的创意片，然后通过模特各方面的能力考核来确定其可塑性。同时请编导、形象造型师、服装设计师等公司各部门负责人一同参加面试，从各个方面对新模特进行全方位立体分析，从而确定其发展潜力，再进行模特签约问题。从模特方面考虑，这样也可以直观地了解公司流程，公司对自己未来的规划，也是一种非常负责任的做法。当然模特公司还是要以盈利为目的，会选择更具潜力，条件更优秀的新模特来为公司带来更好的回报。

2. **培训包装新模特**　模特不再是一门普通的职业，而是一门综合各方面艺术，要求模特具备多方面知识和专业素养的特殊职业。如今社会的发展让模特不再仅仅生活在服装产业，已经开始涉足更为细化的其他领域。现在的市场已经不满足于模特走走台，还要求具备即时表演、随时上镜等各方面素质，能拍平面照、广告片、参加综合演出、为不同行业客户的不同要求充当“形象代言人”。

经纪公司在推广模特前，应该对其进行进一步的打造和培养。因为咨询和培训是很耗时的事情，所以大多公司希望提出要求后模特去自学。每隔一段时间，模特经纪人要对模特的学习情况进行审查。从公司的角度考虑，让模特尽快融入行业大环境，提升个人修养和气质是首要大事。所以不光是对新模特有培训要求，对于经验丰富的模特甚至名模，公司也应该鞭策其进行各方面的充电深造。进行外语学习、收集各种流行趋势资料、把握时尚潮流搭配、对近期流行的明星和模特进行专业分析等都是模特每日应该进行的学习工作。

3. *对模特进行推广*　模特经纪公司会有以下几种方式来推荐自己公司签约的模特。一是定期给一些服装公司和编导寄送模特的图片和资料。将这些资料打印装订成新模卡，便于客户有直观的印象并作为资料收集备用。二是将模特的个人资料收集在一起，便于与客户会见的时候播放并单独发送电子邮件，同时制作成幻灯片便于观看。三是将该公司所有模特的资料做成拼接图，展示在公司内部的墙上或者在报纸杂志等媒介进行宣传，对公司以及模特个人都起到良好的推广作用。四是推荐模特去参加一些大型的公益演出活动或者一些时尚品牌的开业仪式或者宣传活动，甚至帮模特约个人专访和参与时尚赛事的评委活动，增加模特的曝光率，这也是一种很好的推广方式，但是此种方式仅适用于已经在行业内有知名度和关注度的模特。五是当下比较流行的一种方式，模特跨界参与电视、电影、舞台剧、MTV 等拍摄，甚至让模特的生活点滴与各种娱乐新闻接轨，让模特更快速的曝光，并使个人形象更好的被大众熟悉。

对于新模特的推广，最重要的一点就是个人图片资料的拍摄。模特经纪公司每天做得最多的工作就是对模特资料进行整理收集和制作，同时对外进行推广，这也是模特经纪公司最大的投资。

4. *安排模特进行面试和演出工作*　模特经纪公司要做到掌握市场需求，了解客户个人喜好等方面。多与客户进行沟通，根据客户要求和喜好来提供高水准的服务，并提早让客户了解模特的个性和特殊状况等，以免后期发生问题时可以进行调解。避免模特与非职业的客户进行不必要的交涉也是经纪公司一定要防止的。

一般来说，模特经纪公司会安排专门的经纪人作为客户和模特交流的桥梁。当接下客户的任务以后，确定客户对于模特的要求，整理能够符合要求并且有档期的模特资料发给客户，如有可能，要安排客户进行面试选择以便于客户更全面真实地了解模特的走台、形象等各个方面情况。作为模特经纪公司，对于每个模特都有其行业规划和形象定位。如果此次活动的演出或者拍摄与模特个人形象和发展方向违背或偏离，一个好的经纪公司会帮助模特在这种情况下做出正确的选择。在每次演出结束后，经纪公司要及时与客户取得联系，获取此次活动对模特和其他相关服务的反馈意见，并对客户表示感谢和对下次合作的期待。

5. *与合作方商定模特劳务费用并签订工作协议*　商定模特的费用是经纪公司最重要的功能之一。现在常用的付费方式有三种，一种是按照小时付费，商定每小时价格，超出部分得到相应补偿。另外一种方式是按照日薪付费，大型展会通常在 7~10 日，要求模特全天进行静态或每日多场动态的展示，此种方式按照每日结算。第三种也是最常见的一种，就是按次结算。大多服装表演都是按照此种类型结算。双方谈定的费用包括试装、排练、化妆、正式演出等环节。

一个精于谈判的模特经纪公司对于模特来说大有好处。一是因为好的经纪公司会从模特的切身利益出发，按照模特的个人情况与客户商定费用。经纪公司谈到好的价钱并且促进此次交易的形成，对于模特的出镜机会和增加个人经验都大有好处。二是因为在同一场演出中，不同模特的费用可能是不相同的，这与客户的认知度、模特的知名度等情况有着直接的关系。模特经纪公司会在此环节上进行把控，对模特合理定价，不恶意调高或降低模特价格。这么做有利于模特市场的规范发展，并且能够把不同级别和不同市场需求的模特价位分开，在对客户推荐时有的放矢，有利于确立模特自己的市场定位和得到客户的认知度。

洽谈好模特费用以后一定要与合作方签订相关的工作协议。在协议中明确甲乙双方必须履行的义务和责任，同时对于模特的费用加以注明等。签订协议以后，就具有法律效力，双方必须按照协议商定的内容执行。经纪公司应该做到与其品质、商业的宗旨、信誉一致，才能更好地树立自己的企业品牌，同时吸引更多的新客户和新模特。

二、模特经纪人的专业素养

一名成功的模特经纪人，需要有综合的专业素养。专业素养是从事模特经纪活动所应具有的基本素质和能力。

（一）技能素质

模特经纪人要懂得艺术，精通中介领域的专业知识，只有这样才能与他们有共同语言，才能与他们建立良好、长久的关系。一般说来，模特经纪人有许多就是模特圈中的人，具有这方面的专业知识和广泛的人际关系，这对他们从事经纪活动来说是十分有利的。

模特经纪人应具有良好的社交能力。一名成功的模特经纪人应当具有良好社会交往能力，良好的社会交往能力并不仅仅是一种技巧，更重要的是一种“诚”，以诚待人，以诚待己，以诚待事。此外，模特经纪人还应注意培养广泛的社会活动网络和人际关系，使自己能够经常性地、多渠道地获取信息，为经纪活动提供前提条件。

模特经纪人应具有敏锐的商业头脑，它是指对市场行情具有充分的了解欲望，以及在此基础上，具有准确的市场判断能力，灵活的市场应变能力，敏感的机遇捕捉能力和果断决策的市场驾驭能力。现在模特市场竞争渐趋激烈，这就需要经纪人有远见卓识，能够把准“潜在市场”的脉搏，果断地“下注”一搏，占领市场的制高点，方能在对手云集的同行中脱颖而出，成为名副其实的“大腕”。

优秀的模特经纪人要有独到的“眼光”和“品位”，他既能够顺应时代潮流，又能够领导时代的新潮流，具有化腐朽为神奇的能力，能把模特明星效应发挥到极致。例如：34 岁的黑人模特伊曼来自非洲“饥饿之国”索马里，自 1975 年被她的最初的经纪人，美国的摄影师彼得·拜德从索马里的内罗毕市带到纽约，一举成名，连续几年高居榜首。尽管她是黑人，她的肤色是事业的一种障碍，但经纪人拜德超越了肤色，他在《纽约邮报》

上说：“伊曼是我见过的最美丽的女人，她代表着古老非洲所有的优雅和高贵。”而许多服装设计师认为“她阐释了衣服”，是“阿拉伯的高僧。”可见，正是经纪人拜德的眼光把这名世界一流女模特挖掘了出来。更值得玩味的是，发现她的地方不是繁华的美国街头，而是满目疮痍的索马里。

（二）心理素质

现代商品经济社会中，竞争激烈，模特经纪与人打交道的更多，良好的心理素质是模特经纪人获取成功的保证。模特经纪人良好的心理素质主要体现在信心、决心、雄心、心境、心胸、心态等诸多方面。

信心是成功之本。无论是刚起步，困难重重，还是事业有成，面临更大机遇之际，都要勇于面对挑战，相信自己的实力和能力，信心使我们起步，信心帮助我们克服任何困难，在遇到困难甚至失败时，更应当树立起信心，坚韧不拔，让别人时刻看到一种积极成功的希望，从而愿意与你同舟共济。经纪人这一行当就是一个充满机遇，与机遇打交道的领域，成功与抓住机遇并存。雄心是指做好任何事情的魄力，做好模特经纪人也是如此。要勇于把事情“做大”，但凡成功的模特经纪人或经纪公司都是如此。

心态平和是良好心理素质的又一种体现。模特经纪人有很多成功的机会，但不成功、不顺利的情况可能更多，保持良好的心境对模特经纪人来说是十分重要的。经常保持心情开朗，就会时时保持精神上向，每天都以微笑对客户，成功的机会自然会更多。心胸开阔是保持良好心境的基础，大海一样的胸怀能够容纳、化解一切烦恼和纷争。

（三）道德素质

职业道德是做好任何一项工作或事业有成的基础，是从事一定职业的人们在职业劳动过程中必须遵守的行为规范。目前，在市场经济的大潮中，由于拜金主义思潮的侵蚀，个人私欲膨胀，有的经纪人在经纪活动中会出现违背职业道德的行为，因此，遵守职业道德、依法从业，对于模特经纪人来说，就显得尤为重要。

（四）模特经纪人的能力

1. **说服能力**　说服能力是成功的模特经纪人必备的能力。说服对方，要讲究艺术和方法，不能给对方一个只有对方占了便宜，或自己会从合作中受益多少的印象，而且要以“双赢”的理念去说服对方，让委托人明白，经纪人与委托人之间的关系不仅仅是服务和金钱的关系，而首先是合作和共事的关系，只有通过双方的共同努力，把事情办成功了，才能谈到收获和利益。

2. **感召能力**　感召能力可以说是一种人格魅力，是一种通过自己的品格、风范、智慧和气度形成的对他人的凝聚能力、引导能力和决策影响。在日常经纪活动中，具有感召力的经纪人可以使委托人产生信任，有了信任感，经纪人和委托人之间的沟通就会更加容易，工作效率就会大大提高。

3. **策划能力**　策划能力主要体现在对市场的了解，对市场价值的判断和对市场机会的把握上。把对市场的了解与自己的智慧结合起来，就形成了策划。一个普通的大赛，不经过策划，就很难拉到赞助，影响就不会很大，效益也不会太高，但如果经过充分的策划和包装，如设置冠名权、赞助商、聘请社会名流、策划观众竞猜、扩大媒体宣传、电视转播等，就会造成许多新的市场热点，大大增加大赛的附加值，从而使组织者、参与者和经纪人都获得更大的效益。因此，现代模特经纪人必须不断学习和提高自己的策划、筹谋能力。

三、模特向模特经纪人的转化

（一）模特的优势

现在，越来越多的模特在结束自己的职业生涯之后都选择做一名职业的模特经纪人。对于模特来说，一般从入行开始都会有经纪人“带”，自己对经纪人的工作也能感同身受，一般来说难度不会很大。

1. **优秀的专业素质与技能**　模特在职业生涯中，积累了一定量的艺术及表演专业知识，对于模特的个人发展定位有着更加专业的认知，可以把他们自己的舞台经验传授给新一代的模特教育从业者，从而指引模特从练习生向更适合自己的方向发展。

2. **与模特更好地交流**　模特与模特经纪人之间的配合关系是非常重要的，彼此之间需要良好的交流与认识，要建立对彼此的信任度。对此，有经验的模特在成为模特经纪人的时候，与模特交流会有更深切的体会，在换位思考下充分建立与模特之间的信任，随时进行沟通，了解模特的近况，比如体重的变化、皮肤问题，等等。可以及时根据模特的现状来调整模特面试的风格和类型，有必要时可以制作新的模特卡。

3. **出色的公关潜力**　公关是与社会组织构成其生存环境、影响其生存和发展的部分公众的一种社会关系。模特的长期工作中，会遇到形形色色的客户，在与人沟通方面的能力毋庸置疑，是有一定潜力的。公关是什么？是人脉，是资源，是与人沟通开拓市场的能力，是一名优秀的模特经纪人应该具备的一种能力。所以说，模特无论是在形象、职业能力以及长期出席各类活动中所积累的人脉资源等方面，都是具有出色公关潜力的。

（二）职业市场发展程度

一般情况下，职业模特业务领域分割性越明显，则职业化发展水平越高；业务量越高，则职业化水平越高；高峰期越明显，模特的职业化特征也越突出。得益于优越的区位因素，国内重要的几大时装周及各类时尚发布会大多集中在“北上广”等地区，所以自身条件优越或在知名赛事中获前三甲的模特也基本汇聚于此。

1. **模特行业特点**　模特的职业特点是通过自身媒介功能起到宣传展示产品的作用，所以必须依托产品才能得以发展。除了在服装领域之外，模特公司在其他领域涉足的范围也相对较广，如汽车、房地产、奢侈品等行业，以及与模特产业联动运作的赛事和娱乐影视等方向。因此，模特行业发展状况与产品市场的兴衰息息相关。一旦经济下行带来市场萎缩，模特及模特经纪公司的发展也会受到相应影响。

2. **国内市场现状** 由于缺少相应的管理制度，目前国内模特市场较为混乱，具体体现在以下方面：模特业务领域模糊，除了模特经纪公司，涉足行业的主体还包括礼仪公司、公关公司、广告公司、传媒公司等；近二十年间，行业发生了爆炸性增长，但供应增幅远远超出需求增长，从而导致各经纪公司经营无序、采取不正当手段竞争抢占市场份额，市场的鱼龙混杂让部分纯粹依靠模特经纪的公司难以为继，有些经纪公司已经开始同步进行跨界经营，如餐饮、动漫、影视等；模特既不是一个收入可观也不是一个可长期持续的职业，由于缺少从业资格认定，模特入职门槛低，未经专业的系统培训、没有签约经纪的“野模”异常活跃。有业内人士调查，活跃在二三线城市市场上的模特80%都是“野模”。这些“野模”普遍存在低年龄、低学历等问题，极大地扰乱了市场的正常秩序，降低了模特的价值，损毁了模特行业的形象。

（三）如何进行职业转变

随着时尚产业的发展，模特经纪人以其相关行业越来越被人熟知，成为三百六十行里面的一个新兴行业。模特经纪人是个充满朝气、富有挑战的行业。

1. **模特经纪人的职责** 很多人认为这个行业很简单，无非就是推销一下模特、接接电话，让模特今天在这里演出，明天在那里拍片。很多人认为这个行业很轻松，整天和明星与名模在一起，经常出入高档场所，几乎天天和时尚人士打交道。但是，没有人会知道当你挖掘出一个模特并培养成为名模然后弃你而去的苦涩心酸，也没有人知道你在模特和客户之间受夹板气的委屈滋味。

以前模特的工作很简单，就是做服装的代言人、推广服装品牌。模特经纪人服务就是保姆，模特不需要承担太多责任。但是现在的时尚行业发展对于模特经纪公司和模特经纪人的工作提出了更高的要求。模特经纪其实与产品销售类似，都是研制新产品——生产——推广——销售——售后服务的相似过程。但是，模特与产品不一样，他们都是有血有肉、有思想有感情的人。模特经纪人也与星探的工作不同，星探只是利用自己的手段去寻找和挖掘新面孔，而模特经纪人则是要想办法把模特的形象和模特的服务销售给客户。在销售的同时，模特经纪公司和经纪人更重要的任务还要管理好自己的模特。

2. **模特经纪人的素质和要求** 模特在具备了相关专业素养之外，在转变模特经纪人的发展方向上，还必须具备以下综合素质：

（1）热爱祖国，遵纪守法，爱岗敬业。作为一名合格的模特经纪人，对客户、对模特、对所有事情都必须以遵守法律为基础，在敬业、诚信的基本原则上，保证客户的需求，同时也给模特创造良好的口碑。

（2）加强社会责任感，创造高尚的艺术形象，坚持健康的艺术趣味，反对低级庸俗。对于模特的职业发展做出积极健康的规划，为自己的模特负责。

（3）以严肃认真的态度对待合作和演出，讲究艺术质量。充分了解文化消费者，了解客户的需求，了解行业的发展，从而为模特寻找合适的发展方向。

（4）刻苦提高职业技能，不断提高专业水平。具有丰富的艺术文化专业知识，经纪人是商人，是文化者，也是艺术家甚至是心理学家，就像现在模特需要的不单单是走台那么简单。要求全面的知识和素养，对于模特经纪人提出了更高的要求。

（5）遵守行业规则，履约守时，积极合作。

（6）讲究仪表，举止文明，尊重他人。

（7）加强法律意识，遵守合同条款。

（8）掌握相关法律知识，了解合同法、税法、广告法、劳动法的相关知识以及民法中有关隐私权、肖像权知识。制定并不断完善行业道德标准，必将成为改进行业作风，提升行业品质及形象行之有效的必要途径。

小结

1. 模特经纪公司是模特表演的中介机构。

2. 模特经纪公司掌握着签约模特的档案包括身体条件、文化素养、获奖情况、表演经历、爱好特长等全部资料，以便向有需求的客户推荐。

3. 模特经纪公司的实力是靠模特经纪人的水平、签约模特的数量与条件、模特的演出档次等因素体现的。

4. 我国的模特经纪公司走向国际化、多样化、专业化、产业化的多元化发展方向。

5. 模特经纪公司的功能：发现新模特、培训包装新模特、对模特进行推广、安排模特进行面试和演出工作、与合作方商定模特劳务费用并签订工作协议。

6. 发现新模特的途径一般是通过摄影师、赛事、星探、专业人士推荐，尤其是优秀的摄影师是发掘好模特的关键因素。

7. 模特不再是一门普通的职业，而是一门综合各方面艺术，要求模特具备多方面知识和专业素养的特殊职业。

8. 进行外语学习、收集各种流行趋势资料、把握时尚潮流搭配、对近期流行的明星和模特进行专业分析等都是模特每日应该进行的学习工作。

9. 模特经纪公司每天做得最多的工作就是对模特资料进行整理收集和制作，同时对外进行推广，这也是模特经纪公司最大的投资。

10. 公司应该做到与其品质、商业的宗旨、信誉一致，才能更好地树立自己的企业品牌，同时吸引更多的新客户和新模特。

11. 模特劳务费用的付费方式有按小时付费、按日薪付费、按次结算。

12. 模特经纪人的专业素养包括：技能素质、心理素质、道德素质、模特经纪人的能力。其中技能素质中需模特经纪人要有一定的社交能力、商业头脑及独到的“眼光”和“品位”。还要有说服能力、感召能力、策划能力等职业能力并在心理上保持着自信和平和的心态。

13. 模特向经纪人转化的优势包括：优秀的专业素质与技能、与模特更好地交流以及出色的公关能力。

14. 模特的职业特点是通过自身媒介功能起到宣传展示产品的作用，所以必须依托产品才能得以发展。

思考题

1. 简述模特经纪公司的运营模式。
2. 简述我国模特经纪公司的发展现状。
3. 模特经纪公司的功能性是如何体现的？
4. 新模特的发掘途径有哪些？
5. 简述模特经纪公司对签约模特的推广方式。
6. 模特劳务费用的付费方式有哪些？
7. 试述以模特经纪公司为媒介进行演出佣金谈判的重要性。
8. 阐述模特经纪人的专业素养，重点阐述其应具有的专业素质和能力。
9. 为什么模特向模特经纪人转化具有一定优势？
10. 模特如何向模特经纪人这一职业转变？
11. 简述模特的职业特点。

参考文献

［1］国外纺织技术（针织及服装分册）［J］. 上海：华东纺织工学院科技情报研究室 .1985.

［2］朱焕良 . 时装表演与模特［M］. 延吉：延边人民出版社，1993.

［3］雷伟 . 服装百科辞典［M］. 北京：学苑出版社，1994.

［4］刘禄垣 . 时装与时装表演［M］. 大连：大连出版社，1996.

［5］徐宏力，吕国琼 . 模特表演教程［M］. 北京：中国纺织出版社，1997.

［6］刘元风 . 服装设计学［M］. 北京：高等教育出版社，1997.

［7］章柏青，吴朋，蒋文光 . 艺术词典［M］. 北京：学苑出版社，1999.

［8］皇甫菊含 . 时装表演教程［M］. 南京：江苏美术出版社，1999.

［9］包铭新 . 服装设计概论［M］. 上海：上海科学技术出版社，2001.

［10］朱焕良 . 服装表演教程［M］. 北京：中国纺织出版社，2002.

［11］王受之 . 世界时装史［M］. 北京：中国青年出版社，2002.

［12］埃弗雷特，斯旺森 . 服装表演导航［M］. 董清松，张玲，译 . 北京：中国纺织出版社，2003.

［13］普兰温・科斯格拉芙 . 时装生活史［M］. 龙靖遥，张莹，郑晓利，译 . 上海：东方出版中心，2004.

［14］刘逸新 . 礼仪指南［M］. 北京 : 中国纺织出版社，2004.

［15］丁芸 . 女性时尚千面图［M］. 上海：华东师范大学出版中心，2005.

［16］朱焕良 . 服装表演基础［M］. 北京：中国纺织出版社，2006.

［17］朱焕良，向虹云 . 服装表演编导与组织［M］. 北京：中国纺织出版社，2006.

［18］郭佳岚，常会 . 成为模特［M］. 北京：中国纺织出版社，2006.

［19］徐青青 . 服装表演策划训练［M］. 北京：中国纺织出版社，2006.

［20］张春燕 . 模特造型与训练［M］. 北京：中国纺织出版社，2007.

［21］兰政文 . 人体奥秘手册［M］. 北京：人民军医出版社，2007.

［22］吴昊 . 中国妇女服饰与身体革命（1911-1935）［M］. 上海：东方出版中心，2008.

［23］琳达 A・巴赫 . 完全模特手册［M］. 王菁，译 . 北京：中国轻工业出版社，2008.

［24］田培培 . 形体训练与舞蹈编导基础［M］. 上海：上海音乐出版社，北京：人民音乐出版社，2008.

［25］杨坤 . 芭蕾形体训练教程［M］. 北京：高等教育出版社，2009.

［26］王世芳 . 演员的形体训练［M］. 北京：中国传媒大学出版社，2010.

［27］肖彬，张舰 . 服装表演概论［M］. 北京：中国纺织出版社，2010.

［28］朱焕良 . 服装表演基础［M］. 北京 : 中国纺织出版社，2012.

［29］包铭新 . 时装表演评论［M］. 北京：中国纺织出版社，2008.

[30] 张原，王坚 . 浅谈服装表演的氛围设计 [J] . 美与时代 , 2003.
[31] 张舰 .T 台幕后：时尚编导手记 [M] . 北京：中国纺织出版社，2009.
[32] 柳文博 . 时装表演的心理因素研究 [D] . 苏州大学，2007.

附录一　中国模特之星大赛章程

第一章　总则

第一条　中国模特之星大赛是由中国服装设计师协会、广西电视台主办，职业时装模特委员会、东方宾利文化发展中心承办的全国性时装模特大赛。

第二条　中国模特之星大赛的宗旨是为了开发模特资源，选拔模特新秀，为职业模特队伍输送优秀人才。

第三条　中国模特之星大赛主要通过职业时装模特委员会委员单位及相关机构在全国各地设立分赛区选拔模特新秀。

第四条　中国模特之星大赛每年举办一次。

第二章　参赛报名

第五条　中国模特之星大赛报名时间为每年4~9月。

第六条　中国模特之星大赛报名条件：

（1）女模年龄20周岁以下、男模年龄24周岁以下。

（2）女模身高172cm以上，体重55kg以下；男模身高182cm以上。

（3）身体健康，五官端正。

（4）熟悉服装的基本知识，具备基本艺术素养。

（5）普通话流利，掌握简单的英语口语。

（6）遵纪守法，无犯罪记录。

第七条　中国模特之星大赛报名须知：

（1）填写《中国模特之星大赛报名表》一份。

（2）提交正面化妆头像特写彩照一张，正、侧面无妆头像特写彩照各一张，半身自由照一张，正、侧、背面泳装全身彩照各一张（照片统一规格为13cm×18cm）。

（3）提交身份证复印件或推荐人身份证复印件。

第三章　比赛内容

第八条　中国模特之星大赛比赛内容包括体态条件、感知能力、表现能力。

第九条　参赛选手体态条件主要从以下方面评价：

（1）身高。

（2）上下身比例。

（3）三围比例。

（4）头围与肩宽的比例。

（5）五官比例。

第十条　参赛选手的感知能力主要从以下方面评价：

（1）视觉——造型艺术基础。

（2）听觉——音乐艺术基础。

（3）综合——文化水平。

第十一条　参赛选手的表现能力主要从以下方面评价：

（1）对作品的情感理解。

（2）对作品的风格表现。

（3）对时尚潮流的把握。

第四章　比赛程序

第十二条　中国模特之星大赛由分赛区选拔赛和全国总决赛组成。

第十三条　中国模特之星大赛分赛区选拔赛由大赛组委会委托职业时装模特委员会成员单位或相关机构、社会团体承办地方分赛区，组委会派评审团督察各分赛区决赛选拔工作，通过分赛区的选拔确定 60 名（男女各 30）入围选手。

第十四条　中国模特之星大赛全国总决赛由大赛组委会邀请国内外著名时装设计师、摄影师、造型师等专家评委，评选出四个单项奖、“十佳”时装模特和冠、亚、季军。

第五章　奖项设立

第十五条　中国模特之星大赛全国总决赛评选出四个单项奖：T 台表现奖、最佳活力奖、最佳身材奖、最佳上镜奖，由中国模特之星大赛组委会颁发荣誉证书。

第十六条　中国模特之星大赛决赛前 10 名获得者由大赛组委会颁发中国模特之星大赛“十佳”荣誉证书，并推荐参加国内重大演出活动。

第十七条　中国模特之星大赛冠、亚、季军获得者由大赛组委会颁发荣誉证书，并推荐参加中国时尚大奖——年度最佳职业时装模特评选和国内外重大时装演出活动。

第六章　附则

第十八条　中国模特之星大赛组委会有权无偿使用入围选手的肖像进行大赛的宣传推广活动。

第十九条　中国模特之星大赛可冠名设奖，决赛地点和颁奖仪式由大赛组委会和赞助单位、协办单位共同商定。

第二十条　本章程的解释权属于中国模特之星大赛组委会。

附录二　历届中国模特之星大赛前三名

第一届中国模特之星大赛（1995 年，举办地：北京）

冠军：刘英慧（上海）

第二届中国模特之星大赛（1996 年，举办地：北京）

冠军：杨　岩（大连）

第三届中国模特之星大赛（1997 年，举办地：北京）

冠军：范　莹（北京）

第四届中国模特之星大赛（1998 年，举办地：北京）

冠军：王　敏（北京）

亚军：陆　艳（上海）

季军：宋晓丹（大连）

第五届中国模特之星大赛（1999 年，举办地：北京）

冠军：周　婕（上海）

亚军：陈　英（浙江）

季军：张　平（青岛）

第六届中国模特之星大赛（2000 年，举办地：广东沙溪）

冠军：周　娜（贵州）

亚军：王雯琴（上海）

季军：楚　惠（北京）

第七届中国模特之星大赛（2001 年，举办地：广东沙溪）

冠军：唐雪萍（上海）

亚军：曾爱林（江苏）

季军：郝丽娜（大连）

第八届中国模特之星大赛（2002 年，举办地：浙江嵊州）

冠军：殷雅洁（河南）

亚军：斐　蓓（安徽）

季军：娄　玉（哈尔滨）

第九届中国模特之星大赛（2003 年，举办地：广东汕头）

冠军：王希维（新疆）

亚军：汪　梦（山东）

季军：洪琪儿（福建）

第十届中国模特之星大赛（2004 年，举办地：广西南宁）

冠军：莫万丹（广东）

亚军：姚　岚（吉林）

季军：朱　瑜（上海）

第十一届中国模特之星大赛（2005 年，举办地：广西南宁）

冠军：王诗文（湖南）

亚军：刘文靖（北京）

季军：刘丽娜（宁夏）

第十二届中国模特之星大赛（2006 年，举办地：广西南宁）

冠军：何　穗（温州）　干凯文（河南）

亚军：廖诗宇（成都）　叶　成（武汉）

季军：张　丽（福州）　王　鹏（沈阳）

第十三届中国模特之星大赛（2007 年，举办地：广西南宁）

冠军：赵思宇（上海）　杨　吉（河北）

亚军：李柠杉（北京）　保　锴（宁夏）

季军：徐梦梅（北京）　高　鹏（北京）

第十四届中国模特之星大赛（2008 年，举办地：广西南宁）

冠军：史汶鹭（黑龙江）　李传顺（湖南）

亚军：王　旭（陕　西）　杨　宏（江苏）

季军：杨　冉（黑龙江）　李鹏飞（河北）

第十五届中国模特之星大赛（2009 年，举办地：广西南宁）

冠军：张紫炜（山东）　扈忠汉（黑龙江）

亚军：卞紫毓（上海）　鲁鑫利（江西）

季军：范鑫鑫（陕西）　徐　晨（江苏）

第十六届中国模特之星大赛（2010 年，举办地：广西南宁）

冠军：毛楚玉（四川）　王誉霏（北京）

亚军：张　钰（重庆）　王炳林（山东）

季军：王　瑜（天津）　金大川（山东）

第十七届中国模特之星大赛（2011 年，举办地：广西南宁）

冠军：胡　楠（河北）　蔡　浩（北京）

亚军：徐　征（吉林）　于卿跃（北京）

季军：万川乔（上海）　黄　升（湖北）

第十八届中国模特之星大赛（2012 年，举办地：广西南宁）

冠军：史欣灵（四川）　海米提巴图（河北）

亚军：李小雪（山东）　张骞予（河北）　刁三木（天津）

季军：张　杉（河北）　宁　婧（湖北）　张雨杨（河北）

第十九届中国模特之星大赛（2013 年，举办地：广西南宁）

冠军：欧阳静（北京）　王晨铭（四川）

亚军：霍佳琳（河北）　田　野（湖北）

季军：边　慧（上海）　杨吉光（山东）

第二十届中国模特之星大赛（2014 年，举办地：北京）

冠军：梁向清（山东）　史启帆（河南）

亚军：周　欢（四川）　王冬旭（四川）

季军：高　彤（湖北）　张志鹏（山东）

第二十一届中国模特之星大赛（2015 年，举办地：北京）

冠军：任　梦（北京）　王弘宇（陕西）

亚军：魏小涵（北京）　李凯文（北京）

季军：李　可（吉林）　唐志恒（湖南）　郑旭琛（北京）

第二十二届中国模特之星大赛（2016 年，举办地：北京）

冠军：崔晨晨（山东） 王皓东（山西）

亚军：谢合日扎提·麦麦提江（新疆） 刘文婧（山东） 秦伟钊（广西）
端木珺上（北京）

季军：李子娴（北京） 马熠晗（北京） 付伟伦（内蒙古） 马子垠（河南）

第二十三届中国模特之星大赛（2017 年，举办地：北京）

冠军：窦丹阳（上海） 杨 昊（北京）

亚军：杨晓莲（湖北） 李佳琦（北京） 朱舜泽（河南） 高 宁（北京）

季军：林依霏（北京） 赵 娜（山东） 张 帅（黑龙江） 杨邵南（河南）

信息来源：http://chinamodels.com.cn/index.php?m=content&c=index&a=lists&catid=28#
http://xinhuanet.com/fashion/2017-10/27/c1121867584.htm

附录三　中国职业时装模特选拔大赛章程

第一章　总则

第一条　中国职业时装模特选拔大赛是由中国服装设计师协会和中国纺织服装教育学会联合主办，中国服装设计师协会职业模特委员会、东方宾利文化发展中心承办的全国性时装模特大赛。

第二条　中国职业时装模特选拔大赛的宗旨是为了推动我国时装模特职业化、规范化发展和教育水平提高，促进国内衣着消费需求和服装业持续、健康发展。

第三条　中国职业时装模特选拔大赛主要面向全国大中专院校时装设计、模特及相关专业在校学生选拔职业时装模特。

第四条　中国职业时装模特选拔大赛每年举办一次。

第二章　参赛报名

第五条　中国职业时装模特选拔大赛的报名时间为每年的 9 月 1 日开始。

第六条　中国职业时装模特选拔大赛报名条件：

（1）年龄：女 22 周岁、男 24 周岁以下。

（2）女模身高 172cm 以上，体重 60kg 以下；男模身高 182cm 以上。

（3）身体健康，五官端正。

（4）熟悉服装的基本知识。

（5）普通话流利，掌握简单的英语口语。

（6）遵纪守法，无犯罪记录。

第七条　报名须知：

（1）填写《中国职业时装模特选拔大赛报名表》一式两份。

（2）提交正面化妆头像特写彩照一张，正、侧、背面泳装全身照各一张（以上照片规格统一为 15cm × 20cm）。

（3）提交学生证复印件并加盖校（系）印章。

第三章　比赛内容

第八条　中国职业时装模特选拔大赛比赛内容包括体态条件、感知能力、表现能力和职业意识。

第九条　参赛选手体态条件主要从以下方面评价：

（1）身高。

（2）上下身比例。

（3）三围比例。

（4）头围与肩宽的比例。

（5）五官比例。

第十条　参赛选手的感知能力主要从以下方面评价：

（1）视觉感知能力——造型艺术基础。

（2）听觉感知能力——声乐艺术基础。

（3）综合感知能力——文化水平。

第十一条　参赛选手的表现能力主要从以下方面评价：

（1）表情——对作品的情感理解。

（2）造型——对作品的风格表现。

（3）时代性——对时尚潮流的把握。

第十二条　参赛选手的职业意识主要从以下几个方面评价：

（1）整理服装及换装速度。

（2）整理发型及服饰技巧。

（3）与服装助理的配合状况。

（4）与同台模特的合作关系。

（5）对编导意图的理解程度。

（6）舞台纪律意识。

第四章　比赛程序

第十三条　中国职业时装模特选拔大赛由预赛阶段和全国总决赛阶段组成。

第十四条　中国职业时装模特选拔大赛由大赛组委会委托职业时装模特委员会成员单位或相关机构、社会团体承办地方分赛区，组委会派评审团督察各分赛区决赛选拔工作，通过分赛区的选拔确定女模 30 名、男模 30 名。

第十五条　中国职业时装模特选拔大赛决赛通过全国总决赛评选出男女各 10 名中国院校时装模特新秀和大赛的冠、亚、季军。

第五章　奖项设立

第十六条　中国职业时装模特选拔大赛决赛入围选手由中国职业时装模特选拔大赛组委会颁发荣誉证书。

第十七条　中国职业时装模特选拔大赛决赛第 11~20 名获得者由中国职业时装模特选拔大赛组委会颁发《中国院校时装模特新秀》荣誉证书，并向国内外著名模特经纪公司推介。

第十八条　中国职业时装模特选拔大赛决赛前 10 名获得者由中国职业时装模特选拔大赛组委会颁发《中国职业时装模特证书》，并推荐参加中国时装文化奖——年度最佳职业时装模特评选和国内外重大活动。

第十九条　中国职业时装模特选拔大赛冠、亚、季军由大赛组委会颁发荣誉证书。

第六章　附则

第二十条　中国职业时装模特选拔大赛组委会有权无偿使用入围选手的肖像进行大赛的宣传推广活动。

第二十一条　中国职业时装模特选拔大赛可冠名设奖，决赛地点和颁奖仪式由大赛组委会和赞助单位、协办单位共同商定。

第二十二条　本章程的解释权属于中国服装设计师协会。

全文摘自：第六届中国职业模特选拔大赛总决赛宣传册

附录四　历届中国职业时装模特选拔大赛前三名

第一届中国职业时装模特选拔大赛（2000 年，举办地：德阳）

冠军：李　娟（天津）

亚军：王春艳（哈尔滨）

季军：韩　静（青岛）

第二届中国职业时装模特选拔大赛（2002 年，举办地：扬州）

冠军：刘　多（北京）

亚军：李　丹（吉林）

季军：王　姝（哈尔滨）

第三届中国职业时装模特选拔大赛（2003 年，举办地：石狮）

冠军：戴小奕（青岛）

亚军：薛　婧（武汉）

季军：孙玉琦（大连）

第四届中国职业时装模特选拔大赛（2004 年，举办地：石狮）

冠军：沈　妍（上海）

亚军：梁蓉菲（洛阳）

季军：崔雅婕（张家口）　崔雅娟（张家口）

第五届中国职业时装模特选拔大赛（2005 年，举办地：石狮）

冠军：赵晨池（哈尔滨）

亚军：白云平（河北）

季军：单靖雅（北京）　王　青（武汉）

第六届中国职业时装模特选拔大赛（2006 年，举办地：北京）

冠军：张英茜（东北赛区）　马浩然（北京赛区）

亚军：吴晓辰（东北赛区）　吕元浩（东北赛区）

季军：李小瑶（广东赛区）　吴斌胜（上海赛区）

第七届中国职业时装模特选拔大赛（2007 年，举办地：北京）

冠军：胡莹莹（北京）　罗　斌（北京）

亚军：刘思彤（上海）　李凌云（浙江）

季军：张　姮（上海）　古　月（重庆）

第八届中国职业时装模特选拔大赛（2008 年，举办地：惠州）

冠军：张艺幡（内蒙古）

亚军：杨若晨（上海）

季军：邱　嫱（北京）

第九届中国职业时装模特选拔大赛（2009 年，举办地：惠州）

冠军：严清瑶（北京）

亚军：何景宜（新疆）

季军：肖　莉（北京）

第十届中国职业时装模特选拔大赛（2010 年，举办地：三亚）

冠军：李　雪（陕西）

亚军：陈　然（上海）

季军：崔璐璐（河北）

第十一届中国职业时装模特选拔大赛（2011 年，举办地：鄂尔多斯）

冠军：赵冰清（北京）

亚军：李晓玉（山东）

季军：雷淑涵（河北）

第十二届中国职业时装模特选拔大赛（2012 年，举办地：营口）

冠军：靳天一（辽宁）

亚军：赵怡君（天津）

季军：陶　露（四川）

第十三届中国职业时装模特选拔大赛（2013 年，举办地：北京）

冠军：孟　欣（甘肃）

亚军：吴皖凌（四川）

季军：王莹儿（新疆）

第十四届中国职业时装模特选拔大赛（2014 年，举办地：北京）

冠军：刘佳惠（辽宁）

亚军：马　腾（河北）

季军：朱芮萱（新疆）

第十五届中国职业时装模特选拔大赛（2015 年，举办地：北京）

冠军：关　智（北京）　张中煜（河南）

亚军：杨舒婷（吉林）　李雨峰（北京）

季军：李思璇（北京）　李　明（北京）　赵志强（北京）

第十六届中国职业时装模特选拔大赛（2016 年，举办地：三亚）

冠军：周旷男（河南）　刘春杰（陕西）

亚军：毛怡月（北京）　曹　勍（北京）　李嘉辉（山东）

季军：赵一宁（山东）　刘　欢（山东）　许文浩（北京）　苏曾嘉（山东）

第十七届中国职业时装模特选拔大赛（2017 年，举办地：东方）

冠军：燕炳琨（山东）　李昊男（吉林）

亚军：张靖雪（山东）　蔡冠男（河南）　孙琦倡（河南）

季军：关芷文（新加坡）　关芷匀（新加坡）　傅小桐（山东）　曾祥凯（山东）

信息来源：http://eladies.sina.com.cn/z/zymtxb/

http://lady.qq.com/zt2011/Smodel/

附录五　汉英词汇对照表

（以在书中出现的先后为序）

绪　论

服饰文化 fashion culture
服装表演 fashion show
装饰品 decoration
腰带 waistband
首饰 accessories
时装 fashionable dress
流行服饰 popular costumes
成衣 garments
服装展示 clothing display
静态展示 static display
立体展示 stereo display
人体模型 mannequin
橱窗 showcase
展览馆 exhibition hall
柜台 the counter
平面展示 planar display
时装画 fashion illustration
肢体语言 body language
风格 style
特点 feature
季节 season
春装 spring wear
夏装 summer wear
秋装 autumn wear
冬装 winter wear
性别 sex
男装 men' s wear
女装 women' s wear
中性服装 neuter' s wear
年龄 age
童装 children' s wear
青少年装 teenager' s wear
中老年装 quinquagenarian' s wear
材料 material
纯棉服装 cotton garment
毛料服装 wool garment
丝绸服装 silk garment
亚麻服装 flax garment
化纤服装 fibre garment
混纺服装 blended garment
裘皮服装 fur garment
羽绒服装 down garment
款式 pattern
中山装 chinese tunic suit
西装 suits
裙装 skirts
室内服（居家服）home dress
运动服 sportswear
学生服 student' s wear
工作服 overalls

舞台服 stage wear
针织服装 knitted garment
刺绣服装 embroidered silk garment
手绘服装 hand-painted costumes
扎染服装 tie-dyed garments
蜡染服装 batik garment
民族 ethnic
蒙古族服装 Mongolian wear
朝鲜族服装 Korean wear
藏族服装 Tibetan wear
边缘学科 boundary discipline
鉴赏 appreciate
服装潮流 fashion current
审美 aesthetic
时代精神 zeitgeist
审美意识 aesthetic consciousness
品牌经营 brand operation
形体 figure
形象设计 image design
服装表演技巧 skill of fashion show
编导与策划 choreographer and advanced planning
服装美学 costume aesthetics
服装材料 costume materialogy
服装史 costume history
服装设计 costume designing
服装工艺 clothing technology

第一章

时装玩偶 fashion doll
时装玩偶表演 fashion doll show
真人时装表演 reality show
人体模型 mannequin
时装大师 fashion master
开司米 cashmere
衣料 clothing material
披肩 shawl
斗篷 cape
专业性演出 professional fashion show
节目单 programme
现场伴奏 live music
伸展台 runaway
电影胶片 cinefilm
舞台背景 stage backgrounds
模特经纪公司 model company
谢幕 curtain call
场地 location
道具 props
戏剧性 dramatic
场景 scene
超级明星 superstar
灯光 stage lighting
朋克风 Punk
奢华 luxury
多样化 variety
个性化 personalization
化妆 make-up
舞台布局 stage layout
音响 acoustic system
服装设计大赛 fashion designing game
服装模特大赛 fashion model game
品牌赛事 brand game
模特培训 model traning
礼服 formal dress
日常服 daydress
西式礼服 western dress
马裤 breeches
国际性服装表演 international fashion show
国际模特大赛 international model game

北派 northern styles
模特资源 fashion model resource
服装盛会 clothing banquet
服装文化节 fashion culture festival
品牌效应 brand effect
职业模特 professional model
非职业模特 non-professional model
参与性 participative
互动性 interactivity

第二章

肢体语言 body language
舞蹈表演艺术 dance performance
舞台美术设计 stage designing
灯光设计 lighting designing
音乐制作 music mix
设计理念 design concept
创造性 creativity
传达性 communicate
灵感 inspiration
构思 conceive
综合性 comprehensive
编导 choreographer
舞美设计师 stage designer
灯光师 lighting engineer
音响师 music technician
艺术创作 artistic creation
时尚性 fashional
发型 hair style
走台风格 mapped style
舞台制作 stage decorating
电脑摇头灯 computer lighting
激光灯 laser light
促销类服装表演 promotion show
订货会 order-placing meeting
会议室 conference room
茶室 tearoom
酒吧 bar
款式 merchandise style
面料 shell fabric
零售展销会 retail exhibition
业余模特 amateur model
颜色 colors
质地 texture
发布类服装表演 fashion release show
流行趋势 fashion trend
发布会 fashion release
消费者 customer
赛事类服装表演 game show
服装设计大赛 fashion designing game
预赛 preliminary match
决赛 final match
服装模特大赛 fashion model game
初赛 preliminary contest
复赛 repecharge
总决赛 final
形貌 image
走台表演技巧 skill of action
文化修养 cultural literacy
身高 height
体重 weight
肩宽 shoulder breadth
五官轮廓 face outline
泳装 swimwear
休闲装 casual wear
现场问答 go see
笔试 written test
服装设计师 fashion designer
摄影师 cameraman

化妆师 dresser
经纪人 broker
学术类服装表演 academic intercommunion show
专场表演 specialized fashion presentations
设计师专场 designer special show
毕业生专场 graduate special show
娱乐类服装表演 entertainment show
网络直播 network broadcast
商业模特 business model

第三章

汽车模特 car show girl
形体美 beauty of modelling
表演方式 show style
表演场地 show location
部件模特 model show pars
头部模特 model show head
颈部模特 model show neck
手模特 model show hand
腿模特 model show leg
嘴模特 model show lip
耳朵模特 model show ear
足部模特 model show foot
品牌意识 brand consciousness
试衣模特 fitting model
儿童模特 children model
青年模特 youth model
中老年模特 quinquagenarian model
女模特 woman model
修长 slim
均匀 equality
男模特 man model
胸围 bust
腰围 waist
臀围 hips
专业素质 professional quality
表现力 representability
艺术形式 artistic form
理解力 understanding power
舞台经验 performing experience
想象力 imagination
表情 expression
台步 pace
适应力 adaptability
体育锻炼 physical exercise
魅力 charm
柔和 soft
野性 wild nature
性感 sex appeal
浪漫 romantic
文化底蕴 cultural deposits
心理素质 psychological diathesis
自信心 self-confidence
自我调整 self-adjustment
心态 mentality
音乐修养 quality in music
听觉环境 auditory environment
灵魂 soul
节奏 rhythm
接受能力 receptivity
表达能力 expressingability
控制能力 control ability
芭蕾 ballet
民间舞 folk dance
迪斯科 disco
爵士舞 jazz dance
交谊舞 ballroom dancing
意图 intention
职业道德 professional ethics

敬业 superq
守时 on schedule
合作精神 team spirit
广告模特 advertising model
电商模特 electrical business model
服装编导 clothing director
时尚讯息 fashion information

第四章

音乐基础 music basis
音乐制作 music production
服装表演音乐 costume performance music
意境感 sense of artistic conception
旋律 melody
走台节奏 walk the rhythm
听觉表达 auditory express
感官刺激 sensory stimuli
舒缓 relieve
轻柔 soft
氛围 atmosphere
音乐效果 music effect
节奏感 rhythm sensation
兴奋感 tingle
管乐 wind music
弦乐 string music
声乐 vocal music
古典音乐 classical music
乡村音乐 country music
电子音乐 electronic music
流行音乐 pop music
摇滚音乐 rock music
爵士音乐 jazz
朋克音乐 punk music
重金属音乐 heavy metal music
外延性 extensionality
互动性 interactivity
听觉艺术 auditory art
步调节奏 pacing rhythm
前卫 advance guard
夸张 exaggerate
区域文化性 regional culture
戏剧效果 dramatics
节奏 rhythm
配器 orchestrate
音乐素材 music material
锯口 CD saw bite CD
音乐教材 music teaching materials
下载 download
专业 DJ 定制音乐 professional DJ custom music
电影音乐 film music
中国民族音乐 Chinese nation music
外国民间音乐 foreign people music
打击乐 percussion music
专辑 special
独奏 solo
歌剧 opera
舞剧 ballet
音乐剧 musical
舞台剧音乐 play music
重节奏 heavy rhythm
轻节奏 light rhythm
特效音乐 special music
进场音乐 play music
退场音乐 exit music
谢幕音乐 curtain call music
颁奖音乐 award ceremony music
音乐形象 music image
重量感 weight sense
质地感 sense of texture

万能音乐 universal music
时尚编导 fashion director
音乐版权 music copyright
唱片 disc
音乐家协会 musicians association
音频驱动 the audio driver
音频系统 audio system
控制面板 control panel
声卡 sound card
板载声卡 the onboard soundcard
外置声卡 the external sound card

第五章

形体训练 shape-up exercise
体质 constitution
素质教育 quality-oriented education
准备训练 prepare training
热身组合训练 warm up training
地面训练 ground training
把杆训练 the rod training
器械训练 instrument training
肌肉 muscle
韧带 ligament
关节 joint
徒手训练 free training
头颈部 pate
肩部 shoulders
胸部 chest
腰部 loin
胯部 crotch
腿部 leg
含头 with the head
仰头 look up
转头 swivel
倾头 wryneck
绕头 circled caput
提肩 put the shoulder
绕肩 around the shoulder
含胸 chest backward
展胸 show the chest
涮腰 rinse the waist
顶胯 span
摆胯 the pendulum hip
勾脚 hook foot
绷脚 stretched feet
擦地 mop the floor
划圈 circular
负重臂屈伸 arm extension
三角肌 deltoid
三头肌 triceps
上斜低位拉力器飞鸟 the oblique low chest of birds
人体骨架 human skeleton
单臂哑铃划船 single arm dumbbell boating
背阔肌 sit platysma
坐姿划船 posture rowing
引体向上 pull-up
单杠 horizontal bar
肱二头肌 bicipital muscle of arm
坐姿器械下拉 the sitting machine is pulled down
俯立杠铃划船 bent the barbell to row the boat
杠铃颈前推举 lift the barbell
拉力器侧平举 lateral lift of the pull device
俯卧侧平举 lie on your side
俯卧飞鸟 stomach birds
双杠抬腿 the parallel bars leg lifts
负重体旋转 body rotation
站姿直腿上摆 stand on your straight legs
坐姿髋外展 seated hip abduction

仰卧顶臀 on top of the hip
俯卧腿弯举 lie on your stomach
杠铃深蹲 barbell squat
小腿顶推 crus pusher
站姿腿内侧拉引 pull the inside of the legs
卧姿髋外展 decumbent hip abduction
蹬车活动 pedaling activities
壶铃 kettle-bell

第六章

膝盖 knee
肩胛骨 bladebone
大拇指 thumb
食指 first finger
表情训练 expression training
初级训练法 elementary training
高级训练法 advanced training
矫正训练法 remedial training
软底鞋 soft sole footwear
高跟鞋 high-heel shoe
一字步 easy walk
交叉步 crossover step
平行步 basic stance
摆臂 swing arm
转身 pivots
平衡 balance
晚装 evening dress
腿型 leg shape
僵硬 stiff
跑跳步 running jump
夸张 exaggerate
可视度 view angle
亮相 make a stage pose
脚位 foot position
手位 hand position
手链 hand chain
戒指 finger ring
手机 mobile phone
中指 middle finger
指甲 nail
曲线形 shaped form
黄金比例 golden ratio
渐变 shade
出场 come on the stage
台前 on the stage
下场 go off
中轴线 axis
脚掌 sole
脚跟 heel
创新意识 the sense of creation
眉毛 eyebrow
眼睛 eye
唇部 lip
轻笑 chuckle
微笑 smile
大笑 laughter
狂笑 guffaw
苦笑 forced smile
奸笑 sinister smile
嘲笑 deride
旗袍 cheong-sam
唐装 chinese-style costume
牙齿 teeth
音乐风格 music style
古典主义 classicalism
浪漫主义 romanticism
巴洛克 baroque
摇滚 rock and roll
电子乐 electronic music
快速 fast

中速 intermediate speed
慢速 low speed
庄重 solemn
典雅 elegance
高贵 dignity
喜 happy
怒 anger
哀 sorrow
乐 cheerful

第七章

服装模特面试 dress model interview
模特自荐 a cover model
应试模特 the test model
模特卡 model card
个人简历 model resume
设计师 stylist
设计品牌举荐 design brand recommendation
初选 primary election
复选 check
试装 trial assembly
走台观测 walk the observation
职业生涯 career
简洁 concision
全面 comprehensive
排版合理 layout is reasonable
视觉疲劳 visual fatigue
仪态端正 looks good
简历 resume

第八章

服装模特职业拓展 fashion modeling career development
运营模式 operating model
中介机构 intermediary organ
客户 client
签约模特 contract model
档案 record
表演经历 acting experience
代理公司 agency company
媒体 media
专业网站 professional website
录像带 videotape
市场 bazaar
佣金 commission
合同 contract
引领潮流 set trend
幕后经纪人 backroom broker
时尚推广 fashion promotion
时尚核心 fashion core
金三角 golden delta
登陆 landing
本土品牌 local brand
国际时尚 the international fashion
国际化 internationalization
多样化 diversification
专业化 professionalization
产业化 industrialization
产品 product
盈利 profit
开发 exploit
制造 manufacture
趋势 tendency
星探 talent
创意片 creative piece
可塑性 plasticity
形象造型师 image stylist

培训包装 training package
咨询 consult
报纸杂志 newspapers and magazines
公益演出 socially useful performance
曝光率 exposure rate
模特跨界 models of transboundary
炒作绯闻 hype gossip
新闻接轨 the news is in line with
劳务费用 charges for services
日薪 daily wage
结算 close an account
协议 agreement
技能素质 skill and quality
领域 territory
模特圈 modeling
人际关系 interpersonal relationship
潜在市场 potential market
决心 determination
雄心 lofty aspiration
心境 mood
心胸 breadth of mind
心态 mentality
说服能力 persuasive ability
委托人 consignor
双赢 win-win
感召能力 ability to inspire
品格 character
风范 manner
智慧 wisdom
气度 tolerance
策划能力 planning ability
市场价值 market value
冠名权 naming right
附加值 additional value
市场热点 the sticking point of the market
公关潜力 the potential public relations
公众 public
社会关系 social relations
人脉资源 interpersonal network
娱乐影视 entertainment
礼仪公司 etiquette company
公关公司 public relations corporation
广告公司 advertising agency
传媒公司 media company
野模 wild mold

服装高等教材

《服装款式图教程及电脑绘制》
丛书名：“十三五”普通高等教育本科部委级规划教材
作者：李楠 管严 著
开本：16 开
定价：46.80 元
出版日期：2016 年 12 月
ISBN：9787518031078

《高级女装立体裁剪 基础篇》
丛书名：“十三五”普通高等教育本科部委级规划教材 服装实用技术·应用提高
作者：白琴芳 章国信 著
开本：16 开
定价：42.80 元
出版日期：2016 年 9 月
ISBN：9787518024988

《服装表演训练教程》
丛书名：“十三五”普通高等教育本科部委级规划教材
作者：金润姬 辛以璐 李笑南 编著
开本：16 开
定价：39.80 元
出版时间：2016 年 6 月
ISBN：9787518026227

《中国服饰文化》（第 3 版）
丛书名：“十三五”普通高等教育本科部委级规划教材
作者：张志春 著
开本：16 开
定价：48.00 元
出版日期：2017 年 4 月
ISBN：9787518028702

《服装生产管理与质量控制》（第 4 版）
丛书名：“十三五”普通高等教育本科部委级规划教材
作者：冯翼 徐雅琴 储瑾毅 编著
开本：16 开
出版日期：2017 年 4 月
定价：42.00 元
ISBN：9787518030668

《服装实用英语 -- 情景对话与场景模拟》（第 2 版）
丛书名：“十三五”普通高等教育本科部委级规划教材
作者：柴丽芳 潘晓军 编著
开本：16 开
出版时间：2017 年 2 月
定价：42.00 元
ISBN：9787518033652

《服装 CAD 应用》
丛书名：“十三五”普通高等教育本科部委级规划教材
作者：尹玲 主编
定价：68.00 元
开本：16 开
出版时间：2017 年 3 月
ISBN：9787518034802

《服装零售学（第 3 版）》
丛书名：“十三五”普通高等教育本科部委级规划教材
作者：王晓云 主编
蒋蕾 何崟 龚雪燕 副主编
定价：45.80 元
开本：16 开
出版时间：2017 年 5 月
ISBN：9787518033379

《准规则斑图艺术》
丛书名：“十三五”普通高等教育本科部委级规划教材
作者：张聿 主编
金耀 岑科军 副主编
定价：78.00 元
开本：16 开
出版时间：2017 年 5 月
ISBN：9787518033928